青少年应该知道的
海洋百科知识

刘珊珊◎编著

在未知领域 我们努力探索
在已知领域 我们重新发现

延边大学出版社

图书在版编目（CIP）数据

青少年应该知道的海洋百科知识 / 刘珊珊编著．

—延吉：延边大学出版社，2012.4（2021.1 重印）

ISBN 978-7-5634-3058-1

Ⅰ．①青… Ⅱ．①刘… Ⅲ．①海洋—青年读物
②海洋—少年读物 Ⅳ．① P7-49

中国版本图书馆 CIP 数据核字 (2012) 第 051748 号

青少年应该知道的海洋百科知识

————————————————————————

编　　著：刘珊珊
责 任 编 辑：林景浩
封 面 设 计：映象视觉
出 版 发 行：延边大学出版社
社　　址：吉林省延吉市公园路 977 号　　邮编：133002
网　　址：http://www.ydcbs.com　　E-mail：ydcbs@ydcbs.com
电　　话：0433-2732435　　传真：0433-2732434
发行部电话：0433-2732442　　传真：0433-2733056
印　　刷：唐山新苑印务有限公司
开　　本：16K　690×960 毫米
印　　张：10 印张
字　　数：120 千字
版　　次：2012 年 4 月第 1 版
印　　次：2021 年 1 月第 3 次印刷
书　　号：ISBN 978-7-5634-3058-1

————————————————————————

定　　价：29.80 元

前 言
Foreword

　　海洋是地球上广大连续水体的总称。海洋面积达 3.6 亿平方千米，而体积达 13.7 亿立方千米，平均深度 3800 米；中心部分叫洋，边缘部分叫海，海洋彼此沟通组成统一的世界海洋。海洋占地球表面积的 70％，地球上所有的生命都源于远古的水体中。因为有了海洋，地球才显得生意盎然、灵动多姿，海洋对于人类来说的重要性是不言而喻的，海洋拥有许多能源，有矿产资源、生物资源、化学资源等，它们对人类有着至关重要的作用。

　　海洋是美丽的，又是变幻莫测的。天气晴朗的时候，海面碧波万里，一望无际，显得肃穆而平静；当暴风雨来临的时候，便骤然卷起惊涛骇浪，汹涌澎湃，令人心惊肉跳。

　　从外太空看，地球是蓝色的，它像一颗宝石漂浮在沉沉夜空。覆盖地球表面的辽阔水域反射太阳的光亮，形成宝石般的蓝色。在整个太阳

系，地球是唯一拥有如此大量液态水的星球。正是因为有了海洋，才使地球显得更有神秘气息。

海洋有太多的奥秘，有太多的资源，有太多的宝藏，有太多诱人的东西……面对海洋，其实我们很陌生！

海底是个充满生气、多姿多彩的大世界。许多活泼可爱的水中生物在海洋里自由快乐的悠游。在海底，有许多奇异的生物。海底并不是漆黑一片的。在海底，有一些生物会发光，它们的发光是为了照明、诱食、吸引异性个体或拒敌。

海洋是人类的聚宝盆，是人类的资源库，海洋还是人类休闲度假的好地方。在无际的海面上，星罗棋布着一个个如花环般的小岛，犹如天际抖落而下的一块块翠玉。在这些海岛上，人们可以尽情玩乐，享受忙里休闲的美好感觉，让轻微的海风，慵懒的阳光尽情围绕着你。如果地球上没有海洋的存在，没有这些美丽的小岛，我们的地球也就失色多了。但是你知道吗？其实海岛也是有很大学问的。根据岛屿的成因、分布情况和地形的特点，海岛可分为堆积岛、大陆岛和海洋岛三种类型，还有一种较特殊的珊瑚岛。大陆岛的形成主要是陆地局部下沉或海洋水面普遍上升，下沉的陆地、地势较低的地方被海水淹没，高的地方仍露出水面。露出水面的那部分陆地，就成为海岛。由海底火山喷发物堆积而成的岛屿称为火山岛。而珊瑚岛则是由海洋中的珊瑚虫遗骸构成的岛屿。

2500 多年前，古希腊海洋学家狄未斯托克预言：谁控制了海洋，谁就控制了一切。海洋拥有许多能源，有矿产资源、生物资源、化学资源等，它们对人类有着至关重要的作用。

当你翻开这本书的时候，就会发现你翻开的是海洋世界的一页页。本书内容深入浅出，向读者介绍了最感兴趣，对于理解这颗蓝色星球有着意义非凡的影响，更为读者今后继续探索科学知识，打下了坚实必要的基础。

目录
CONTENTS

第❸章

海洋中神奇的动物

第❹章

海洋中神奇的植物

第**5**章

海洋神秘的面纱

第**6**章

海洋深处的谜底

第一章

海洋地理的概况

HAIYANGDILIDEGAIKUANG

太平洋概况

Tai Ping Yang Gai Kuang

◎基本介绍

　　世界上最大的洋是太平洋。太平洋东西距离最长的是21 300千米，面积约为18 134万平方千米，在太平洋海域中，海洋的平均深度是4187.8米，而其中最大的深度为11 034米。太平洋的面积约占地球总面积的1/3，南北距离为15 900千米。太平洋最南端的濒临的是南极洲，而最北端可延伸到白令海峡，其中的跨越的纬度是135度，太平洋是世界上最大的海洋。太平洋上的主要河流分布在中国和东南亚地区。

　　在太平洋的北端主要以白令海峡为界，海峡的宽为102千米；东南部经北美洲的火地岛和南极洲的德雷克海峡与大西洋沟通；从苏门答腊岛经

※ 美丽的太平洋

爪哇岛，然后至帝汶岛，再经过帝汶岛至澳大利亚的伦敦德里角，再经过澳大利亚南部的巴斯海峡，最后到达塔斯马尼亚至南极大陆。这是太平洋的西南部与印度洋的分界线。

◎太平洋海盆可划分的三个区

东区：美洲科迪勒拉山系从北部阿拉斯加开始，向南直抵火地岛，除了最北端和最南端的峡湾海岸的岛群以及深入大陆的加利福尼亚湾之外，海岸非常的平直，大陆棚却狭窄，重要的海沟北部有阿卡普尔科海沟，南部有秘鲁智利海沟。

西区：亚洲部分地区的结构复杂，海岸曲折，大陆东缘有突出的半岛，岸外分布着一系列岛弧，形成众多的边缘海。从北向南依次有白令海、鄂霍次克海、日本海、黄海、东海和南海。岛群外缘分布着一系列的海沟，北部有堪察加海沟、千岛海沟、日本海沟，南部有东加海沟、克马德克海沟等。

地壳构造最稳定的地区：太平洋地壳构造最稳定的地区就是大洋中部面积宽广的海盆，这个地区的海水深度一般都在5 000米左右。

在太平洋海域，除了新西兰的南、北二岛之外，其中大部分的岛屿位于太平洋的中部。太平洋的岛屿有一个主要的特点就是群岛套着群岛。太平洋岛屿中，最大的岛屿是新几内亚岛，面积达到78.5万平方千米，仅次于格陵兰岛，是世界上第二大岛。太平洋岛屿的人口总数有580万人，占到了大洋总人数的23.3%。太平洋的三大群岛：西南部赤道以南的部分，位于180°经线以西的美拉尼西亚岛，它是自西北方向向东南方向延伸的；位于西北部赤道以北，180°经线以西的密克罗尼西亚岛，是自西向东延伸的；位于180°经线以东，南北纬30°之间的波利尼西亚是自西北向东南方向延伸的。这三大岛屿分别处在亚洲、澳洲和北美洲之间，又相互联系着各个大洋，在国际的交通运输地位上，太平洋占据着重要的位置。

◎海底地形概况

太平洋海域海底地形主要由中部深水区域、边缘浅水区域和大陆架三部分。在2 000米以下的深海盆地约占总面积的87%，200米到2 000米之间的边缘面积约占7.4%，200米以内的大陆架约占5.6%。北部和西部边缘海有着宽阔的大陆架，中部的深水域水深多超过5 000米。边缘浅水域的水深多在5 000米以上，海盆的面积较小。在太平洋的海底，有大量

※ 太平洋海域

的火山堆，这样就构成了海底复杂的地形。

在太平洋中部，绵亘着一条雄伟壮阔的海底山脉，其山脉呈西北东南走向，北起堪察加半岛，经过夏威夷群岛、莱恩群岛至上阿莫士群岛，总长达1万多千米，将太平洋分成东西两部分。在这条山脉中太平洋山脉以西，除有西北海盆、中太平洋海盆和南太平洋海盆外，还分布有许多零散的海底山。这些火山中有的淹没在深海中，有的露出海面变成了岛屿。夏威夷岛就是中太平洋海底山脉中的一些山峰，它们从5 000多米深的海底升起，加上岛上的主峰高出海面约4 270米，最高达9 270多米，这座岛屿比世界上最高峰珠穆朗玛峰还要高。在中太平洋山脉以东，除了北太平洋海盆、东太平洋海盆和秘鲁—智利海盆外，还有辽阔的东太平洋高原和阿尔巴特罗斯海盆等。由此可以看出，海底山脉的规模是十分巨大的。

世界上约有85％的活火山和80％的地震带主要集中在太平洋地区，太平洋东岸的美洲科迪勒拉山系和太平洋西缘是世界上火山运动最为剧烈的地震带，地震频繁发生，在这里的火山约有370多座，素有"太平洋火圈"之称。

◎气候温度

太平洋的整个范围主要处在热带和副热带地区，所以，形成的气候多为热带和副热带气候，气温会随着纬度的增高而逐步递减。太平洋气候的分布、地区差异主要是由于水面洋流及邻近大陆上空的气流影响而发生变化的。

太平洋的洋流在信风带的作用下，自东向西运动着，就形成了南北赤道暖流，南北赤道之间的中轴线上会产生相反的赤道逆流，从菲律宾的东岸流向厄瓜多尔的咸海。北赤道暖流经过马六甲海峡，流进了日本海。北赤道暖流在菲律宾附近向北逆转，流向日本海的东面，这就是著名的黑潮。黑潮在东经160°附近转向东流，被称为北太平洋暖流。北太平洋暖流向东运动，到北美洲西海岸转向南流，被称为加利福尼亚寒流。这样就形成了北太平洋环流。白令海南流被称为堪察加寒流，它流向日本本州岛东面。它在北纬36°附近与黑潮相遇。南赤道暖流到达所罗门群岛之后，向南流成为东澳暖流，向东转折就卷入了西风漂流，到南美洲西面、南纬45°附近分为两支，一支向东经德雷克海峡进入大西洋；另一支折向北流，即秘鲁寒流，这样就形成了人们众所周知的南太平洋环流。

> **知识窗**
>
> 太平洋是世界上岛屿最多的大洋，也是火山和地震频繁发生的主要地带。因为太平洋横跨几种不同的气候，因此，太平洋的海洋洋流分布状况也相对来说比较特殊。由于气候的差异性比较大，所以形成了不同的风带。

拓展思考

1. 简述太平洋的地理概况。
2. 太平洋海盆分哪三个区？
3. 太平洋海域海底地形可以分为哪几部分？
4. 太平洋上气候的温度如何？

大西洋概况

Da Xi Yang Gai Kuang

◎基本介绍

　　大西洋是世界上的第二大洋，也是跨纬度最多的大洋。大西洋古时候被称为阿特拉斯海，它起源于古希腊神话中的一位名叫阿特拉斯的大力士神。

　　从地理位置上来看，大西洋位于欧洲、非洲与北美和南美之间。大西洋北接北冰洋，南临南极洲，西南方向以通过合恩角的经线与太平洋为界，东南方向以通过厄加勒斯角的经线与印度洋为界。大西洋包括属海的面积为9 431.4万平方千米，不包括属海的面积为8 655.7万平方千米；包括属海的体积为33 271万立方千米，不包括属海的体积为32 336.9万立方

※ 美丽的大西洋

千米；包括属海的平均深度为3 575.4米，不包括属海的平均深度为
3 735.9米。目前，科学探测得知大西洋最大深度为9 218米。

◎地理位置

从整体面积上来看，大西洋东西狭窄、南北延伸，轮廓略呈S形，自
北至南全长约1.6万千米。大西洋的赤道区域，其宽度最窄，最短距离仅
有2 400多千米。

大西洋的北部以冰岛—法罗岛海丘和威维尔—汤姆森海岭与北冰洋
分界，南临南极洲并与太平洋、印度洋南部水域相通；西部通过南、北美
洲之间的巴拿马运河与太平洋沟通；东部经过直布罗陀海峡通过地中海以
及苏伊士运河与红海沟通。

大西洋东西两侧的岸线大致是平行的。南部岸线平直，内海、海湾较
少；北部岸线曲折，沿岸岛屿众多，海湾、内海、边缘海较多。大西洋上
的岛屿和群岛主要分布于大陆边缘，多为大陆岛。因此，大西洋在开阔洋
面上的岛屿比较少。

◎气候特性

由于大西洋往南北伸
延、赤道横贯中部，所以气
候南北对称、气候带齐全是
大西洋比较显著的气候特
征。大西洋受洋流、大气环
流和海陆轮廓等因素的影
响，各海区间气候有明显的
差别。大西洋赤道带属于低
气压带，又是南北信风的辐
合带，在这个地区上，风力
微弱，风向不定，因而被称
为无风带。

※ 大西洋

由于大西洋赤道带是低气压带，所以上升气流比较强盛，多发生对流
性云系降水。此地带年降水量多达2 000毫米，是大西洋中的多雨带。副
热带是高压带，气流以下沉辐散为主，云雨稀少，天气晴朗，蒸发旺盛。
一般降水量在500～1 000毫米之间。在大西洋高压的中心地区，即大洋东
部亚速尔群岛附近海域，年降水量只有100～250毫米，远远小于蒸发量，

因而此地带为大西洋中的干燥带。

　　与此同时，由于大西洋东西沿岸受寒暖流的不同影响，就会造成南北纬30°间的大洋西部气温高于东部约5℃左右。北纬30度以北的大洋东部气温高于西部约5℃～10℃，而南纬30°以南，因陆地变窄、海域宽阔以及西风漂流影响，大西洋东部和西部之间的气温差并不是太明显。

　　大西洋全年气温变化都不是很大，赤道地区年温差不到1℃。此外，副热带年温差为5℃，中纬地带年温差为10℃，但仅仅在西北部和极南部超过20℃，海水的平均温度为17℃，稍低于太平洋。大西洋的含盐度要高于太平洋，平均为35.4‰。

◎海洋资源

　　大西洋的重要海洋资源是海底煤炭。海底煤炭主要分布在英国东北部苏格兰的近海和加拿大新斯科舍半岛外侧的大陆架。英国的海底煤藏量不少于5.5亿吨，每年采煤量达2000～2500万吨。此外，在西班牙、土耳其、保加利亚和意大利等国沿海海底也发现有煤的储藏。在北美加拿大的纽芬兰岛东侧，人们发现了世界上最大的海底铁矿，科学估计储量超过20亿吨，现已开采。波罗的海和芬兰湾也有海底铁矿，大西洋中还有重砂矿。重砂矿在美国、巴西、阿根廷、挪威、丹麦、西班牙、葡萄牙、塞内加尔等海岸外都有发现。大西洋深处的4 000～5 000米海底广泛分布着锰结核，总储量约1万亿吨，主要分布在北美海盆和阿根廷海盆底部。大西洋矿产资源的富集程度和品位都远远比不上太平洋和印度洋。

　　大西洋除了含有海底煤炭，还有着丰富的生物资源，生物资源主要以鱼类为主。大西洋鱼类捕获量约占大西洋中海洋生物捕获量的90％左右。大西洋的渔获量曾居世界各大洋第一位。60年代以后，低于太平洋，退居成了第二位。但是，在单位面积上，其渔获量达250千克/平方千米，仍居世界第一位。其中捕获量最多的是东北诸海域，即北海、挪威海、冰岛周围，年渔获量约占大西洋总渔获量的45％，单位面积产量平均达830千克/平方千米，大陆架区域约1 200千克/平方千米。

　　大西洋边缘的海底地貌非常的复杂，有大陆架、大陆坡、大陆隆起、海底峡谷、水下冲积锥和岛弧海沟带。大陆架面积仅次于太平洋的大陆架面积，约620万平方千米，约占大西洋总面积的8.7％。大陆架宽度变化较大，从几十千米到1 000千米各不相同。如几内亚湾沿岸、巴西高原东段、伊比利亚半岛西侧的大陆架，形状都比较狭窄，一般不超过50千米。在大西洋海底的大陆坡和深海盆之间，分布着一些大陆隆起，较大的有格陵兰—冰岛隆起、冰岛—法罗隆起、布茵克隆起和马尔维纳斯隆起。在格陵兰岛与拉布拉多半岛之间的中大西洋海底峡谷和密西西比河、亚马逊河、刚果河、莱茵河等江河入口处，分布着一些半锥状的水下冲积锥，面积仅数百平方米。此外，大西洋还有两个岛弧海沟带，分别是大小安的列斯群岛的双重岛弧海沟带和南美南端与南极半岛之间的岛弧海沟带。其中大安的列斯岛弧北侧的波多黎各海沟，长1 750千米，宽100千米，深8 648米，这里是大西洋最深的地方。

大西洋的渔业资源也相当丰富，在西北部和东北部的纽芬兰和北海地区为主要渔场，盛产鲱、鳕、沙丁鱼、鲭、毛鳞鱼等，其他还有牡蛎、蛤贝、鳌虾、蟹类以及各种藻类等。海洋渔获量约占世界的1/3～2/5左右。此外，南极大陆附近盛产鲸、海豹和磷虾，海兽的捕获量是相当大的。

▶ 知 识 窗

　　马其诺防线是因为德国的闪电战让英法害怕，于是就构筑了坚固的马其诺防线抵御德军，想以逸待劳，消耗德军的力量。结果，德国人不理会马其诺防线，绕过马其诺防线，短短几个月就让法国投降，英法联军被迫撤离欧洲大陆。

　　早在1941年12月，即德军在莫斯科城下开始遭到失败的时候，希特勒就担心盟军可能在西欧登陆，于是下令从挪威到西班牙沿岸构筑一道防线，由相互支援的坚固支撑点组成，称为"大西洋壁垒"。

拓展思考

1. 简述一下大西洋的地理概况。

2. 大西洋位于什么之间？

3. 大西洋的气候是怎样变化的？

4. 大西洋里有什么丰富的资源？

印度洋概况

Yin Du Yang Gai Kuang

◎基本介绍

印度洋是世界上的第三大洋，印度洋被亚洲、非洲、南极洲和大洋洲的大陆所包围。印度洋与太平洋的分界线是东南部从塔斯马尼亚岛的东南角向南，沿东经146°51′的线至南极大陆。由此，位于塔斯马尼亚岛与澳大利亚大陆之间的巴斯海峡成为了两大洋的分界处。然而，巴斯海峡究竟是划归为太平洋还是印度洋，学者的意见不一。

印度洋最深的地方是位于阿米兰特群岛西侧的阿米兰特海沟，深度为

※ 印度洋海域

9 074米。印度洋东、西、南三面海岸陡峭而平直，没有突出的边缘海和内海。与亚洲相濒临的是印度洋北部，因受亚洲西部和南部岛屿和半岛的分隔，形成许多边缘海、内海、海湾和海峡。安达曼海、阿拉伯海是印度洋中的主要边缘海；孟加拉湾、阿曼湾、亚丁湾是印度洋中主要的海湾；其中曼德海峡、霍尔木兹海峡、马六甲海峡等是印度洋上主要的海峡。

"人"字形的中央海岭，把印度洋分为三大板块，分别是东部、西部和南部三大海域。东部区域被东印度洋海岭分隔为中印度洋海盆、西澳大利亚海盆和南澳大利亚海盆，这些海盆非常广阔，海水较深；西部区域海底地貌最复杂，它被海岭和岛屿分割出一系列海盆，主要有索马里海盆、马斯克林海盆、马达加斯加海盆和厄加勒斯海盆，然而这些海盆面积不大，海水较浅；南部区域地形地貌相对比较简单，分为三个海盆：克罗泽海盆、大西洋—印度洋海盆和南极东印度洋海盆，这些海盆的深度约为4 500～5 000米。

◎名字的由来

"印度洋"名称的出现比其他的大洋都来的晚一些。公元 1 世纪后期，罗马有一位地理学家叫彭波尼乌斯·梅拉，他最早使用印度洋这个名称。公元 10 世纪，阿拉伯人伊本·豪卡勒编绘的世界地图上也使用了这个名字。近代正式使用印度洋一名则是在 1515 年左右，当时中欧地图学家舍纳尔编绘的地图上，把这片大洋标注为"东方的印度洋"。在这里，"东方"一词是主要是针对大西洋而言的。1497 年，葡萄牙航海家达·伽马东航寻找印度，便将沿途所经过的洋面统称为印度洋。1570 年，奥尔太利乌斯编绘的世界地图集中，把"东方的印度洋"一名去掉"东方的"，简化为"印度洋"。因此，这个名字逐渐被人们接受了，后来就成为通用的称呼。

◎自然地理

印度洋突出的自然地理特征如下：

第一，整个印度洋呈水平轮廓，北部封闭，南部开敞。印度洋北部的海岸线较为曲折，而且东、西、南三面的海岸陡峭平直；

第二，在印度洋的海底分布着较为突出的"人"字型大洋中脊，而且有着很特殊的东经 90°海岭，巨大的水下冲积锥等，构成印度洋复杂的海底地貌景色；

第三，印度洋主要位于赤道带、热带和亚热带范围内，因而称被为热带海洋；

第四，印度洋与亚洲大陆之间起着交互的作用，形成世界上特有的季风洋流。

在印度洋上，属海较少。主要的内海有红海和波斯湾；边缘海有西北部的阿拉伯海，东北部的安达曼海，东部的帝汶海和阿拉弗拉海；大海湾有西北部的亚丁湾和阿曼湾，东北部的孟加拉湾，澳大利亚北面的卡奔塔利亚湾和南面的大澳大利亚湾。此外，南极洲海域也有一部分属海。

印度洋上的海岸线除了北部比较曲折之外，其他大部分都是平直的，分布着较少的岛屿。其中的大岛有马达加斯加岛、索科特拉岛、斯里兰卡岛，还有塞席尔群岛；火山岛有科摩罗群岛、马斯克林群岛和凯尔盖朗群岛；珊瑚岛有马尔代夫群岛。大陆边缘地带包括大陆棚和大陆坡。大陆棚一般比较狭窄，大陆棚较宽的海域有阿拉伯海、安达曼海、孟加拉湾和大澳大利亚湾，最宽处在澳大利亚至新几内亚岛之间，约965千米。大陆坡陡峻的地方其坡度大约在10°～30°之间，一般坡度都比较小。在印度河、恒河的入海口处，有面积宽广的水下冲积扇，被水下峡谷所切割。

◎海底地貌

印度洋海底地貌是相当错综复杂的，所以，除了洋底中部呈"人"字形的大洋中脊外，东部东印度洋海岭和岛弧、海沟带，在海岭、海丘、海台之间分布着许多海盆。印度洋的大洋中脊，包括中印度洋海岭、阿拉伯—印度海岭、西南印度洋海岭和东南印度洋海岭。中印度洋海岭从阿姆斯特丹岛向北延伸，一般高于两侧海盆1300～2500米，平均宽度达800千米左右。在印度洋海底，由于被一些垂直或斜交的断裂带切断而形成了中脊裂谷，表现为时断时续。所以，印度洋海岭看上去整个形态崎岖破碎。

※ 印度洋一角

此外，中印度洋海岭向西北地区延伸，进而形成阿拉伯—印度海岭，高度较大，继续向西北方向延伸，进入亚丁湾和红海。中印度洋海岭从罗德里格斯岛向西南分出西南印度洋海岭，经过爱德华太子群岛，连接大西洋—印度洋海岭；中印度洋海岭至圣波尔岛向东南连接东南印度洋海岭，再向东连接太平洋—南极海岭和东太平洋海岭。因此，印度洋海岭是海底地貌显著的特征之一。

◎海域分布

印度洋海底的另一种地貌形式是构造带，这些构造带相互平行着，绵延的范围很远，其中东印度洋海岭，走向与东经0线一致，这是世界上最直的一条海岭。它北起北纬10°附近的安达曼群岛，南至南纬31°的断裂海岭，长约5000千米，东西宽约150～250千米。由于它沿着东经90°分布，故又叫东经90海岭。印度洋中脊呈"人"字形，将印度洋分为下列三个海域：

第一，东部海域区。这个海域被东印度洋海岭分割着，两侧有中印度洋海盆和西澳大利亚海盆。中印度洋海盆呈南北方向纵贯的趋势，北部为恒河水下冲积锥所掩盖的斯里兰卡深海平原。西澳大利亚海盆北部连接着深海沟，而东南部则被海岭、海丘和海台分割，形成复杂的海底地貌。

第二，西部海域区。这个海域的海底地貌最为复杂，海岭和岛屿将其分割，主要分为索马里海盆、莫桑比克海盆和马达加斯加海盆。

第三，南部海域区。这个海域的海底地貌比较简单，主要分为三个海盆：克罗泽海盆、大西洋—印度洋海盆和南极—东印度洋海盆。

◎气候变化

印度洋南纬40°以北的广大海域全年的平均气温为15℃～28℃。而赤道地带全年气温为28℃，有的海域高达30℃。印度洋气温要比同纬度的太平洋和大西洋海域的气温高，因而被称为热带海洋。

在印度洋上，气温的分布是随着纬度的改变而发生变化的。赤道地区全年平均气温约为28℃。在印度洋北部，夏季气温为25℃～27℃，冬季气温为22℃～23℃，全年平均气温25℃左右。其中，阿拉伯半岛东西两侧的波斯湾和红海一带，夏季气温常达30℃以上，而索马里沿岸一带的气温最热季节一般不到25℃。前者与周围干热陆地的烘烤有很大关系，对于后者而言，由于西南风吹走表层海水使得深层冷水上泛，进而使气温相对下降许多。

印度洋的气候特征还表现在降水量上。赤道带的降水量最丰富，年降水量在 2000～3000 毫米。此外，降水季节分配也比较均匀。印度洋北部，一般年降水量 2000 毫米左右，2/3 的降水集中在西南风盛行的夏季，而东北风盛行的冬季，降水量较少，是热带季风分布区。红海海面和阿拉伯海西部，全年降水都很少，年降水量约 100～200 毫米，为热带荒漠气候区。在南印度洋的广大海域中，全年降水一般在 1000 毫米左右。

▶ 知 识 窗

印度洋的海洋资源相当丰富。其中矿产资源主要以石油和天然气为主，还有丰富的金属矿，以锰结核为主。此外，印度洋上也有丰富的鱼类，如飞鱼、鳀、灯笼鱼、金枪鱼、旗鱼、鲨鱼等最有名，还有海龟、海牛、鲸、海豚、海豹等。这些资源物产构成了印度洋上的海洋资源。

拓展思考

1. 简述一下印度洋的地理概况。
2. 简单说一下印度洋的海域分布情况。
3. 印度洋的年降水量是多少？
4. 印度洋有什么丰富的资源？

北冰洋概况

Bei Bing Yang Gai Kuang

◎基本介绍

北冰洋的形成和北半球劳亚古陆的破裂和解体有着密切的联系。海底的过程最早起源于古生代晚期，但是它的形成时期却是在新生代实现的。

北冰洋的平均深度约为1200米，在北冰洋中的最深点就是南森海盆。北冰洋的海盆可以分为欧亚海盆和美亚海盆，欧亚海盆被一条从大西洋延伸过来的南森海底山脉分为了南森海盆和非拉姆海盆，美亚海盆被阿尔法山脉分为马卡罗夫海盆和加拿大海盆。

海岭将整个北冰洋分为了两部分，面向北美洲为加拿大海盆，面向亚欧大陆的为南森海盆，两部分在海流、海水运动方向和水温等方面都存在

※ 美丽的北冰洋

着明显的差异。在加拿大海盆以西有一条门捷列夫海岭，长 1500 千米，高度相对较小，坡度平缓。在南森海盆外侧是北冰洋中央海岭，又称南森海岭，由几条平行的海岭组成，自拉普帖夫海经格陵兰岛北端到冰岛接大西洋海岭。不得不承认，人类目前对北冰洋海底地貌的了解还不是很全面，但可以确定的是：被冰覆盖的北冰洋不是陆地，不是群岛，也不是完整的深海盆。它究竟还隐藏着什么奥秘，有待人们作进一步的探索研究。

◎气候特点

由于北冰洋独特的气候条件，因此，可以将北冰洋的海水分为三层：表层 200 米，由于受降水和冰冻等因素，大洋表层的温度变化也比较大，高温和低温之间相差 4℃；中层 200～900 米，在中层之间有大西洋流入的海水，温度在 1℃～3℃之间；底层的温度最低，在 0℃ 以下。

由于北冰洋的海平面覆盖着的冰层，通过冰层反射的阳光，海水的温度也比较低，所以北冰洋的浮游生物只有其他海洋的十分之一。在北冰洋生活的鱼类只有北极鲑和北极鳕，哺乳动物有海豹和各种鲸鱼，栖息在陆地上的有北极熊和北极狐。这些动物都是生活在那里的爱斯基摩人的狩猎的对象。当然了，北极熊是人类最为熟悉的。

北冰洋的气候异常的寒冷，海洋表面长年被一层厚厚的冰雪所覆盖着。在北极海区最寒冷的月份，平均气温可达零下 20℃～－40℃，即使是在暖季，气温也只是在 8℃ 以下。北冰洋的降水量异常的少，年平均降水量仅是 75～200 毫米，但是格陵兰海的降水量相对要高一些，可达到 500 毫米。

在北欧海区，寒季经常会有暴风，因为经常受到北冰洋暖流的影响，水温和气温都比较高，降水量也比较多，洋面结冰的情况还不是很严重；在暖季的时候，在海平面上经常会有大雾出现，有的时候甚至几天几夜都是大雾不断。在北极海区，滨海地带的水面全年发生着变动，从 1.5℃ 到 8℃ 不等。北欧海区的水面全年都在 2℃～12℃ 之间。

北冰洋的洋流系统是由挪威暖流、斯匹次卑尔根暖流、北角暖流和东格陵兰寒流等组成。北冰洋洋流进入大西洋，在地转偏向力的作用下，水流偏向右方，而格陵兰岛南下的洋流，在地理学上被称为拉布拉多寒流。

由于北冰洋的气候寒冷，它最大的水文特点是有长年不化的冰盖，冰盖面积占总面积的 2/3 左右。其余海面上分布有自东向西漂流的冰山和浮冰；只有巴伦支海地区受北角暖流的影响，长年不受封冻。北冰洋大部分岛屿上遍布着冰川和冰盖，北冰洋沿岸地区则多为永冻土带，永冻层厚度可达数百米。

▶知识窗

　　北冰洋可以被划分为北极海区和北欧海区。属于北极海区的海峡有：喀啦海、拉普捷夫海、东西伯利亚海、楚科奇海、波弗特海及加拿大北极群岛各海峡；属于北欧海区的海峡有：格陵兰海、挪威海、巴伦支海和白海各海峡。

　　许多的探险家经常去北极点探险，因为那里每年近六个月都是黑夜，在这段时间，空中经常会有光彩夺目的极光出现。极光一般都是呈带状、弧状或者放射状，极光最好的观测点就是北纬70°附近。相反，在北极点附近，除了漫长的黑夜则是白昼。

　　在北冰洋的大陆架，有丰富的石油而和天然气，沿海岸地区则有丰富的煤、铁、磷酸盐、泥炭和有色金属。比如，在伯朝拉河流域、斯瓦尔巴群岛与格陵兰岛上的煤田，科拉半岛上的磷酸盐，阿拉斯加的石油和金矿等。所以说北冰洋是一个矿物质非常丰富的"宝地"。

┃拓展思考┃

1. 简述一下北冰洋的地理概况。

2. 简单说一下北冰洋的气候特点。

3. 北冰洋可以划分为哪几个区？

4. 北冰洋有什么丰富的海底资源？

南冰洋概况

Nan Bing Yang Gai Kuang

◎基本介绍

南冰洋是环绕着南极大陆，北边无陆界的独特水域。由南太平洋、南大西洋和南印度洋各一部分，连同南极大陆周围的威德尔海、罗斯海、阿蒙森海和别林斯高晋海等组成。因为北边缺乏陆块作为传统意义上的界限，某些科学家是不予承认的。

近期有关文献多采用"南大洋"名称，并以"副热带辐合线"为其北界。副热带辐合线是一条海水等温线密集带，几乎连续不断地环绕南极大陆，表层水温12℃～15℃，呈现明显的不连续性。因为是水文界线，平均的地理位置随季节不同而变化于南纬38°～42°之间，故南大洋的面积是不固定的，约为7700万平方千米，占世界大洋总面积的20%左右。

※ 眺望南冰洋

◎分类情况

南冰洋可以分成南极洋与亚南极洋。南极洋通常指辐合带以南的海区；南极辐合带在南纬55°附近，是世界各大洋中最重要的界线之一。亚南极洋则指南极辐合带和亚南极辐合带之间的海域。冬季，南极洋约有2000万平方千米的海域常年被海冰所覆盖着，夏末时节海冰区域缩小为350万平方千米。南极大陆沿岸的近表层海流沿着大陆自东向西环流着；在大洋中则是相反的，为自西向东环流，从而形成了以南极大陆为中心的同心圆的水团。南极大陆架面积不广，几乎从岸边开始就是大陆坡。大洋盆地均沿纬线延伸，最深在5 000米以下，形成环绕南极大陆的最深水带。也有一些面积很广的隆起和水下山脉，班扎雷浅滩仅深188米，沿岸被冬夏宽度不一的陆缘冰和岸冰所环绕着。

◎气候特性

南冰洋地区陆地少，气温水平差异小，等温线平直，几乎与纬线平行，气压场与风场接近行星风系。南冰洋地区大气运动的主要特征是强劲而稳定的纬向环流。除西北—东南向移动的过境低压外，海洋上空没有闭合的低压区或高压区。在副热带高压带与南极反气旋之间有一个绕极低压槽，其轴线位于南纬60°～70°之间。所以，大部分温带范围内，气压梯度都指向南方，直至南纬60°以南，气压才开始向极地增加。气压梯度大，风向稳定，风力强劲，平均风速达每小时33～44千米，构成威胁航行的"咆哮西风带"。盛行西风在高纬区和低纬区之间形成"风壁"，阻挡低纬区暖空气进入南极高原，使南极反气旋保持恒定。冰原上空极其冷密的空气会顺坡而下，这种下降风的速度相当大，刮来大量松散雪，和沿岸区形成的流冰群一起，大量吸收着海洋中的热量。

◎生物资源

南冰洋地区的生物种类少，耐严寒，脊椎动物个体大，发育慢。海洋食物链简短，即硅藻→磷虾→鲸类或其他肉食性动物。生态系统比较脆弱，易受外界扰动损害。生物资源丰富，特别是磷虾和鲸。这里浮游植物的主体是硅藻，到目前为止已经发现了近百种，分布具有明显的区域性和季节性，平均初级生产力约6倍于其他海洋的总量。磷虾是世界上尚未开发的藏量最为丰富的生物资源，其蕴藏量一般估计为1.5～10亿吨，最高估计数为50亿吨，年捕获量可达1～1.5亿吨。分布随区域和季节而不同，南极水域比亚南极水域多。一个世纪前，南大洋须鲸总数约为 100 万头。1904 年出现商业性过度捕捞后，到 20 世纪 30 年代总数下降为 34 万头左右。此外，海豹、企鹅、鱼类、海鸟、龙虾、巨蟹和海草等资源也引来了人们的注意。

▶ 知 识 窗

> 　　南冰洋，也叫"南极海""南大洋"，是世界第五大洋，是世界上唯一完全环绕地球却没有被大陆分割的大洋。南冰洋是围绕南极洲的海洋，是太平洋、大西洋和印度洋南部的海域，以前一直认为太平洋、大西洋和印度洋一直延伸到南极洲，南冰洋的水域被视为南极海，但因为海洋学上发现南冰洋有重要的不同洋流，国际水文地理组织于 2000 年确定其为一个独立的大洋，成为五大洋中的第五大洋。但在学术界依旧有人认为依据大洋应有其对应的中洋脊而不承认南极洋这一称谓。

| 拓展思考 |

1. 简述一下南冰洋的地理概况。
2. 南冰洋可以分为什么？
3. 简单说一下南冰洋的气候特征。
4. 南冰洋有哪些丰富的生物资源？

青少年应该知道的海洋百科知识

红海概况

Hong Hai Gai Kuang

◎基本介绍

红海属于印度洋的附属海，位于非洲北部与阿拉伯半岛之间。表面看上去像一只体形巨大的蜗牛，从东北向东南横卧在亚洲的阿拉伯半岛和非洲大陆之间。北端的苏伊士湾和亚喀巴湾好似蜗牛的两只触角，中间夹着西奈半岛，由苏伊士湾通过苏伊士运河与地中海相通。南端经过曼德海峡同亚丁湾和阿

※ 红海

拉伯海相连。整个红海长约2 000多千米，最大宽度306千米，水深约1 676米，面积约45万平方千米。北段通过苏伊士运河与地中海相通，南端由曼德海峡与亚丁湾相通。海内的红藻会在海面上发生大量的繁殖，使海水看起来是红褐色的，有时连天空、海岸都映得红彤彤的，红海便因此而得名。实际上，红海的海水并不是红色的，海水一般是蓝绿色的。

◎含盐度

红海的含盐量是非常高的，之所以含盐量高，是由于这里地处热带、亚热带，气温高，海水蒸发量大，而且降水较少，年平均降水量还不到200毫米。红海两岸没有其他大河的流入。在通往大洋的水路上，有石林岛及水下岩岭，大洋里较淡的海水根本无法流入，红海中较咸的海水是也无法流出的。科学家还在红海底部发现了几处"热洞"，面积都比较大。大量岩浆沿着地壳的裂隙涌到海底，岩浆促使使周围的岩石和海水的温度上升，出现深层海水的水温比表层还要高的稀奇现象。热气沸腾的深层海

水泛到海面，加快了蒸发的速度，使盐的浓度越来越高。因此，红海的水相比其他地方的海水要咸得多。

◎显著的特点

红海最显著的特点莫过于它的"热"。地球海洋表面的年平均水温是17℃，而红海的表面水温最高可达 27℃～32℃，即使是 200 米以下的海洋深水，温度也保持在 21℃。更为奇特的是，在红海深海盆中，水温竟有 60℃之高。

◎气候特征

由于受副热带高压带和东北信风带的控制，红海成为典型的热带沙漠气候。这里的蒸发旺盛，降水稀少，炎热干旱。红海的气候由两个季风季节组成，即东北季风和西南季风，季风是由陆地和海洋的温差造成的。红海是世上最热和盐度最高的海洋之一，红海和周边地区的降雨量稀少，一般以雷暴、沙尘暴的形式下雨。由于低降雨和欠缺淡水注入，所以，造成了每年 205 厘米的净蒸发以及高盐度现象的发生。

◎名字的由来

红海名字的由来：

其一是用海水的颜色来解释红海的名字。这种解释又分为三种观点：有的说红海里有许多色泽鲜艳的贝壳，因而使水的颜色成了深红色；有的认为红海近岸的浅海地带有大量黄中带红的珊瑚沙，促使海水变红了；还有的说红海是世界上温度最高的海，适宜多种生物的繁衍，

※ 美丽的红海

所以表层海水中大量繁殖着一种红色海藻，使得海水略呈红色，因而得名红海。

其二是将红海的得名与气候联系在一起。红海海面上常有来自非洲大

沙漠的风，这股风送来一股股炎热的气流和红黄色的尘雾，使天色变暗，海面而呈暗红色，所以称为红海。

其三是认为红海两岸岩石的色泽是红海得名的原因。远古时代，由于交通工具和技术条件的制约，人们只能驾船在近岸中航行。当时人们发现红海两岸特别是非洲沿岸，是一片绵延不断的红黄色岩壁，这些红黄色岩壁将太阳光反射到海上，使海上也红光闪烁，红海因此而得名。

其四是古代西亚的许多民族用黑色表示北方，用红色表示南方，红海就是"南方的海"。

红海的海滩是大自然的鬼斧神工之作。在清澈碧蓝的海水下面，生长着五光十色的珊瑚和稀有的海洋生物。远处层林叠染、连绵的山峦和海岸遥相呼应，之间是适宜露营的宽阔平原。这些巧夺天工的自然景观，再加上宜人的气候，构成了一幅精美奇妙的风景画，使得四面八方的游客都为之陶醉。

▶ 知 识 窗

　　红海北端分叉成二小海湾，西为苏伊士湾，并通过贯穿苏伊士海峡的苏伊士运河与地中海相连；东为亚喀巴湾。南部通过曼德海峡与亚丁湾、印度洋相连。海盆为亚非大裂谷的一部分，长约2 100千米。按海底扩张和板块构造理论，认为红海和亚丁湾是海洋的雏形。据研究，红海底部确属海洋性的硅镁层岩石，在海底轴部也有如大洋中脊的水平错断的长裂缝，并被破裂带连接起来。降水量少，蒸发量却很高，盐度为41‰，夏季表层水温超过30℃，是世界上水温和含盐量最高的海域。8月表层水温平均27℃～32℃。海水多呈蓝绿色，局部地区因红色海藻生长茂盛而呈红棕色，红海一称即源于此。年蒸发量为2 000毫米，远远超过降水量，两岸无常年河流注入。海底为含有铁、锌、铜、铅、银、金的软泥。

▍拓展思考▕

1. 简述一下红海的地理概况。
2. 红海的含盐度是多少？
3. 红海的显著特点是什么？
4. 红海的名字是怎么来的？

地中海概况

Di Zhong Hai Gai Kuang

◎基本介绍

地中海是世界上最大的陆间海。地中海的东西走向为4 000千米，南北宽约1 800千米，面积约250多万平方千米。

打开世界地图，我们可以清晰地看到，在欧、亚、非洲之间有一个海，这个海就是有名的地中海。地中海西边有21千米宽的直布罗陀海峡，穿过这个海峡

※ 地中海

就来到了大西洋；东边可以通过苏伊士运河进入印度洋，东北部通过达达尼尔海峡和博斯普鲁斯海峡，与黑海相连接。地中海的属海有伊奥尼亚海、亚得里亚海、爱琴海等。意大利半岛、西西里岛、突尼斯和它们之间的水下海岭，把地中海分成了东西两部分。地中海沿岸国家有：阿尔及利亚、突尼斯、利比亚、埃及、以色列、黎巴嫩、叙利亚、土耳其、希腊、阿尔巴尼亚、南斯拉夫、克罗地亚、意大利、西班牙、法国、葡萄牙和摩洛哥等。

◎气候特征

地中海的气候非常的独特，夏季干热少雨，冬季温暖湿润。这种气候使得周围河流冬季雨水充足夏季干旱枯竭。世界上这种类型的气候的地方很少，据统计，总共占不到2%。由于这里气候特殊，德国气象学家柯本在划分全球气候时，把它专门作为一类，叫地中海气候。

地中海气候在夏冬两季有着明显的差别。冬季受西风带的影响，气候温暖潮湿，最冷的月份均温在4℃～10℃之间，降水量充沛。地中海气候主要分布在南北纬30°～40°之间的大陆西岸。除南极洲以外，地中海气候是唯一的世界各大洲都有的气候类型。在所有地中海气候的分布地区中，

表现最为明显的就是地中海沿岸。其他地区如北美洲的加利福尼亚沿海、南美洲的智利中部、非洲南端的好望角地区和澳大利亚西南及东南沿海等。这其中的分布区大多是经济十分发达的地区。

◎文明象征

地中海沿岸是世界航海文明的发祥地之一。腓尼基人、克里特人、希腊人以及后来的葡萄牙和西班牙人，都是航海业很发达的民族，许多伟大的航海家就是从这里诞生的。发现美洲的哥伦布、打通大西洋与印度洋航线的达·伽马、第一次环球航行的麦哲伦，都是航海史上的杰出代表。同时，著名的欧洲文艺复兴运动也是在这里首先发起。日心说的创始人哥白尼、伟大的物理学家伽利略也诞生在这里。这里的人民为人类近代科学文明的进步，作出了非常重要的贡献。

地中海是世界最大的内海，也是世界最脏的海。每年倒入地中海的废水达 35 亿立方米，固体垃圾 1.3 亿吨。最为严重的是邻海 18 个国家 58 个石油港口装卸石油时给地中海带来了严重的石油污染。

◎海底垃圾

地中海海底的垃圾非常的多，主要包括塑料瓶、高尔夫球、金属盘子、刀叉、牙刷和钓具等等。"毫无疑问，我们把这些垃圾倒进了海洋。"绿色和平组织的主管马里奥·罗德里格兹说，"很明显，许多垃圾是人为丢进海里的。在旅游旺季结束后，大约每年的 9 月和 5 月，人们

※ 海底垃圾

会发现海滩、林荫小道或是宾馆边，满眼都是垃圾。"

地中海在交通和战略上均占据着至关重要的地位。它不仅是欧、亚、非三洲之间的重要航道，还是沟通大西洋、印度洋间的重要通道。沿岸重要海港有直布罗陀、马赛、热那亚、那不勒斯、斯普利特、里耶卡、都拉斯、阿尔及尔、塞得港等。

◎军事运途

地中海在经济、政治和军事上的意义也非常的大。自古以来，地中海就成为各个国家之间争夺的地方。18 世纪初，英国将地中海划为自己的"内湖"。19 世纪初，拿破仑航行至欧洲时就想要将地中海的控制权夺回来。第一次世界大战期间，地中海成为交战双方海军比较活跃的地点。第二次世界大战中，德、意海军同英国的海军在地中海上演了一场争夺大战。时至今日，西方大国对地中海的争夺日趋激烈。从二次大战迄今，美国第六舰队就一直将地中海作为自己的基地。然而，西方其他大国的海军舰经常在此处游弋，使这一地区的局势愈发紧张。为了保护国家的主权和安全，沿岸国家纷纷提出"地中海属于地中海沿岸国家"，要求军事大国的舰队和军事基地全部撤出地中海，以维护地中海地区的和平。

◎沿岸岛屿

地中海中沿岸岛屿有很多，大岛屿有马霍卡岛、科西嘉岛、萨丁尼亚岛、西西里岛和克里特岛等等。

1. 西西里岛

从世界地图上可以看到，西西里岛仿佛是意大利伸向地中海的皮靴上的足球。它位于地中海的中心，面积为 2.5 万平方千米，人口为 500 万人，是地中海中最大和人口最稠密的岛。由于此地具备了发展农林业的良好自然环境，后来被人们称之为"金盆地"。

2. 撒丁岛

撒丁岛过去称为萨丁尼亚，坐落于地中海的中部，是诸岛中面积仅次于西西里岛的第二大岛。北距法国的撒丁岛 12 千米，南距非洲海岸 200 千米。1861 年，维克托·伊曼纽尔被立为意大利国王，该岛成为统一的意大利国家的一部分，首府设在了卡利亚里。撒丁岛有长达1600千米的海岸线，在东北沿岸有松软的沙滩和碧绿的海水；在其广阔的内陆地区，有着许多美丽迷人的风景，这座美丽的海岛已成为闻名于世的旅游天堂。

3. 塞浦路斯

塞浦路斯位于地中海东部、土耳其以南。塞浦路斯东西长 241 千米，南北宽 97 千米，面积为 9 251平方千米，为地中海第三大岛，著名的女神维纳斯就诞生在此地。

塞浦路斯的设施非常的完美，有温暖的阳光和蔚蓝的大海，有设备齐全的宾馆和旅游设施，是世界各地人们喜爱的观光度假胜地。每年的 3

月，就有游客来到塞浦路斯旅游了。夏季乃至冬季，有不少俄罗斯人来到这里享受日光。在冬季此地则成为滑雪爱好者的天堂。

4．科西嘉岛

科西嘉岛距离海岸193千米，在法国东南海岸，岛长185千米，最宽处约85千米，面积8 680平方千米，人口有55万，这里依靠着葱翠的高山和湛蓝的大海，科西嘉岛成为度假胜地。

5．马耳他岛

马耳他岛也是地中海上不可忽略的一个小岛。全境由五个岛屿组成，其中马耳他岛面积最大，达316平方千米，它处在地中海东西方的交界处，素有"地中海心脏"之称。其海岸线长180千米，亚热带地中海式气候。年平均气温21.3℃，最高气温40℃，最低气温5℃。年平均降水量560毫米。

▶ 知 识 窗

地中海的西端流经直布罗陀海峡与大西洋相接，东部通过土耳其海峡与黑海相连，最窄处仅有13千米。地中海东西全长约4000千米，南北最宽处大约为1800千米，面积约为251万平方千米。以亚平宁半岛、西西里岛和突尼斯之间突尼斯海峡为界，分为东、西两部分。地中海平均深度为1 450米，最深处达5 092米。含盐量较大，最高达39.5‰。

在古时候，人们只知道此海位于三大洲之间，因此称之为"地中海"。全名的意思是"陆地中间的海"，该名称始见于公元3世纪的古籍。公元7世纪时，西班牙一位学者首次将"地中海"作为地理名称。

拓展思考

1．简单对地中海做介绍。

2．简单对地中海文明史做介绍。

3．地中海中的岛屿有什么？并简单介绍一下。

4．为什么说地中海是最脏的海？

青少年应该知道的海洋百科知识

波罗的海概况

Bo Luo Di Hai Gai Kuang

◎基本介绍

波罗的海是欧洲北部的内海、北海的边缘海、大西洋的属海，波罗的海四面均为陆地环抱着，盐度含量仅有 6‰ 左右，该海东部和北部的一些水域，盐度则只有 2‰，是世界上最淡的海。

波罗的海位于北纬 54°～65.5°之间的东北欧，呈三岔的形状，西以斯卡格拉克海峡、厄勒海峡、卡特加特海

※ 波罗的海

峡、大贝尔特海峡、小贝尔特海峡、里加海峡等海峡和北海以及大西洋相通。

波罗的海得名于芬兰湾沿岸从什切青到的雷维尔的波罗的山脉，长 1 600 多千米，平均宽度 190 千米，面积 42 万平方千米，总储水量为 2.3 万立方千米，是地球上最大的半咸水水域，相当于我国渤海面积的 5 倍。波罗的海是个浅海，深 70～100 米，平均深度为 86 米，最深处哥特兰沟为 459 米。

◎动物资源

波罗的海的动物数量非常丰富，但种类贫乏。除了大西洋鲱鱼的亚种外，主要鱼类还有鳊鱼、鳕鱼、比目鱼、鲑鱼、鲽鱼、鳗、胡瓜鱼、白鱼、鸦巴沙、淡水鲈鱼等，还有从浅水中取得食物的波罗的海海豹等。波罗的海也有一定的矿产资源，在德国的石勒苏益格－荷尔斯泰因州沿岸有海上石油开采。

◎气候特征

波罗的海处于温带海洋性气候向大陆性气候过渡的地带，受盛行西风的影响，秋、冬季风暴较多，雨水充沛，北部的年平均降水量约 500 毫米，南部则超过 600 毫米，有些海域可达 1 000 毫米；地处中高纬度，蒸发较少；周围河川径流总量丰富。波罗的海夏季云量约 6 成，冬季则超过 8 成。南部和中部一年中的雾天平均约为 59 天，波罗的海的尼亚湾北部雾最少，每年仅有 22 天。

由于北大西洋暖流很难进入波罗的海，海水无法得到调节，从而导致冬季气温较低，而且南北差异较大，夏季气温不高，且南北差异很小。水温自北向南逐渐升高。从南向北的 1 月平均气温为 −1.1℃～10.3℃，7 月为 15.6℃～17.5℃。

波罗的海的海水浅而淡，经常会发生结冰的现象。北部和东部海域每年都会出现一段不利于航行的冰封期，从每年 11 月初起，北部开始出现冰冻，被冰覆盖的区域每年都有所相同。在一般年份中，只有个别海湾会出现海冰。到了寒冷的冬季，整个海区都会被冰所覆盖。海冰的平均厚度为 65 厘米。波罗的海南部通常不结冰，但瑞典和丹麦之间的海峡偶尔也会被冰封。波的尼亚湾的北部还容易形成大冰包，高度可达 15 米。这给海上运输带来了很大的不便，船要想通过此处，必须在冰冻的海面上开凿水道，然后才能缓慢前进。

◎波罗的海的海水为什么盐度极低

波罗的海的盐水密度与波罗的海的形成时间有着密切的联系。这里在冰河时期结束时还是一片被冰川掩盖的汪洋，后来冰川逐渐向北退去，留下的最低谷地就成了现在的波罗的海，水质本来就较好。其次波罗的海海区闭塞，通向外海的通道又浅又窄，含盐量较高的海水很难流进来，再加上波罗的海纬度较高，气温低，蒸发微弱，这里又受西

※ 波罗的海岸

风带的影响，气候湿润，雨水充足，年平均河川径流量为 437 立方千米，

使波罗的海淡水集的面积比其本身集水面积还要大4倍。以上诸多因素综合在一起，就形成了波罗的海的海水很淡的现象。

◎交通运输

在古代时期，波罗的海是北欧重要的商业通道。二战以后，木材和鱼成为当地最主要的商品。芬兰、瑞典和俄罗斯的软木是出口的大宗货源；木材加工是一项重要的经济活动。瑞典的铁矿、芬兰和丹麦的造船和船舶机械、瑞典哥特堡的汽车制造和轻型机械等，都是沿岸国家重要的工业支柱。波罗的海沿岸有许多大城市，包括哥本哈根、斯德哥尔摩、赫尔辛基、列宁格勒、塔林、里加、基尔、格但斯克和什切青。其中主要的海产品有鲽鱼、鳕鱼和鲱鱼。其中，熏制或腌制的鲱鱼是深受人们欢迎的传统食品。

波罗的海的航运地位非常重要，是沿岸国家之间以及通往北海和北大西洋的重要水域，从彼得大帝开始的时候，波罗的海就是俄罗斯与欧洲的重要通道。俄罗斯与伊朗、印度等国家合作酝酿连接印度洋和西欧的"南北走廊"规划，波罗的海就在其中扮演着重要的角色。

自20世纪90年代以来，在波罗的海上航行的轮船急剧增加。现在，平均每年航行在波罗的海主航道的轮船已超过4万艘。波罗的海使用轮渡来连通沿岸国家的各大港口，并通过白海—波罗的海运河与白海相通，通过列宁伏尔加河—波罗的海水路与伏尔加河相连。可见，波罗的海在交通运输上的意义十分重大。

> ▶ 知 识 窗
>
> 波罗的海是欧洲北部的内海、北海的边缘海、大西洋的属海，其四面均为陆地环抱，盐度含量仅有6‰左右，该海东部和北部的一些水域，盐度则只有2‰，是世界上最淡的海。

拓展思考

1. 简单对波罗的海做介绍。
2. 波罗的海有哪些丰富的动物资源？
3. 为什么说地中海是最脏的海？

海

第二章

洋世界中的宝藏

石油和天然气
Shi You He Tian Ran Qi

◎石油的历史

最早钻石油的是中国人，最早的油井是 4 世纪或者更早出现的。中国人使用固定在竹竿一端的钻头钻井，其深度可达约 1 000 米，他们利用焚烧石油来蒸发盐卤制食盐。10 世纪时，他们使用竹竿做的管道来连接油井和盐井。"石油"一词首次在梦溪笔谈中出现并沿用至今。古代波斯的石板纪录似乎说明波斯上层社会使用石油作为药物和照明。

※ 开掘石油

8 世纪，新建的巴格达的街道上铺有从当地附近的自然露天油矿获得的沥青。9 世纪亚塞拜然巴库的油田用来生产轻石油。10 世纪的地理学家阿布·哈桑·阿里·麦斯欧迪和 13 世纪的马可·波罗曾描述过巴库的油田，他们说这些油田每日可以开采数百船石油。

现今百分之九十的运输能量是依靠石油获得的。石油的运输非常的方便、能量密度高，因此是最重要的运输驱动能源。此外，石油是许多工业化学产品的原料，因此它是目前世界上最重要的商品之一。在许多军事冲突中，石油来源是一个重要因素。

◎石油的形成

人类对于大海一直怀有敬畏的心情，然而开拓海洋资源之路也漫长而艰辛。浩瀚的海洋里，蕴藏着约占全球石油资源总量百分之三十四的石油资源量。随着人类对石油资源需求的增加和勘探开发技术的进步，海洋石油资源勘探开发越来越受到世界各国的重视。

海洋是地球上最大的水体地理单元。地球表面积约为 5.1 亿平方千米，其中海洋面积为 3.6 亿平方千米，约占地球表面积的 71%。海洋是一个巨大的资源宝库，海洋中的石油是地球上最丰富的自然资源之一。

全球水深在 300 米以内的大陆架面积，大约为 2 800 万平方千米，其中 57% 的面积是可能蕴藏石油的沉积盆地。在 4 000 多万平方千米的位于大陆架之外的大陆坡和大陆隆起内，已发现有很多的石油资源。由于勘探技术的限制，目前对海洋石油的储量还缺乏准确的判断。根据海洋石油专家们估计，世界石油可开采储量为 3 000 亿吨，其中有 1 350 亿吨在大陆架内。

◎天然气的产生

海底的石油和天然气是海洋中的有机物质在合适的环境下演变所产生的。这些有机物质与沙砂和其他矿物质一起，在低洼的浅海或陆地上的湖泊中沉积，逐渐使此处淤泥中形成有机质。这种有机淤泥又被新的沉积物覆盖、埋藏起来，造成了一种不含氧或含极微量游离氧的还原环境。随着低洼地区的不断下沉、沉积物不断堆积，有机淤泥所承受的压力和温度不断增大，处在还原环境中的有机物质经过复杂的物理和化学变化，慢慢地转化成对人类影响非常大的石油和天然气。经过数百万年漫长时间的交替变化，有机淤泥经过压实和固结作用后，变成沉积岩，并进一步产生油岩层。沉积盆地是指沉积物的堆积速率明显大于其周围区域的盆地。

在一定特定时期，沉积岩沉积在像盆一样的海洋或湖泊等低洼地区，并具有较厚的沉积物，这种构造单元称为沉积盆地。沉积盆地在漫长的地质演变过程中，随着地壳运动的抬升，海洋变成了陆地，湖盆变成高山，一层层水平状的沉积岩层也跟着发生规模不等的弯曲、褶皱和断裂等形变，从而使掺杂在泥沙之中具有流动性的点滴油气离开它们的原生地带，经"油气搬家"再集中起来，储集到储油构造当中，形成可供开采的油气矿藏。所以说，海洋里的一个个沉积盆地就像是一个个聚宝盆。

◎石油和天然气的分布情况

世界上的海洋油气资源同陆地油气资源一样，分布极为不均。在四大洋及多个近海海域中，波斯湾海域的石油、天然气含量最为丰富，约占总贮量的50％左右；第二位是委内瑞拉的马拉开波湖海域；第三位是北海海域；第四位是墨西哥湾海域；其次是亚太、西非等海域。据考察，中国南海油气资源也有巨大的发展远景，是世界海洋油气主要聚集中心之一。石油和天然气是人们向海洋索取资源的一项重大成果。

▶ 知 识 窗

　　石油和天然气都是不可再生性能源，是现代工业的命脉。据估算，世界石油极限储量达1万亿吨，可采储量3 000亿吨，其中海底石油1 350亿吨；世界天然气储量为255～280亿立方米，海洋储量占140亿立方米。20世纪末，海洋石油年产量达30亿吨，占世界石油总产量的50％。我国海域油气资源储藏量约为40～50亿吨。

| 拓展思考 |

1. 现代工业的命脉是什么？
2. 天然气是怎么产生的？
3. 海洋油分布在哪些地方？

青少年应该知道的海洋百科知识

热液矿藏

Re Ye Kuang Zang

◎基本介绍

热液矿产分布在世界各地水深数百米至3 500米的海洋领域中，相对来说开采起来比较容易，是一种具有远景意义的海底多金属矿产资源。

如果海底热液像海底的金属"温泉"，它像地表的温泉一样，但流出来的不是温水，而是具有工业应用价值的金属硫化物。

※ 矿藏资源

◎热液矿藏的出现

20 世纪 60 年代中期，深海热液矿藏的首次发现，是由美国海洋调查船在非洲东北边上的红海发现的。而后，一些国家又陆续在其他大洋发现了热液矿藏，一共有 30 多处。

热液矿藏是火山性的金属硫化物，因此又被称为"重金属泥"。它的形成是由于地下岩浆沿海底地壳裂缝渗到地层深处，把岩浆中的盐类和金属溶解，变成含矿溶液，然后受地层深处高温高压的作用喷射到海底，在深海的泥土中形成丰富的多种金属。通常，深海外的温度较低，而这些地方由于岩浆的高温，可使温度高达 50℃，故被称为热液矿藏。

◎热液元素的介绍

热液矿产在世界各地水深数百米至3 500米的海洋领域均有分布，而且开采起来比较容易，是一种具有远景意义的海底多金属矿产资源。矿产资源的主要元素为铜、锌、铁、锰等，另外还有银、金、钴、镍、铂等，所以又有"海底金银库"之称。重金属色彩鲜艳，有黄、蓝、红、黑、白等多种颜色，因此，近年来热液矿产是最引人注目的。

由于技术条件的限制，当下人们还不能对海底热液矿藏立即进行开采，但它却是一种具有潜在力的海底资源宝库。一旦能够进行工业性的开采，它将同海底石油、深海锰结核和海底砂矿共同成为海底四大矿种，发挥着它巨大的作用。

▶知 识 窗

　　海水是宝，海洋矿砂也是宝。海洋矿砂主要有滨海矿砂和浅海矿砂。它们都是在水深不超过几十米的海滩和浅海中的由矿物富集而具有工业价值的矿砂，是开采最方便的矿藏。从这些沙子中，可以淘出黄金，而且还能淘出比金子更有价值的金刚石、石英、钻石、独居石、钛铁矿、磷钇矿、金红石、磁铁矿等，所以海洋矿砂成为增加矿产储量的最大的潜在资源之一，愈来愈多地被人们的利用。

| 拓展思考 |

1. 热液矿产分布在什么地方？
2. 热液矿藏是什么时候出现的？
3. 热液元素都包括什么？

青少年应该知道的海洋百科知识

金属矿藏

Jin Shu Kuang Zang

◎分布种类

在丰富的浅海矿产资源中，滨海砂矿的价值仅次于石油、天然气，位居第二位。

滨海砂矿种类繁多，储量丰富，分布广泛，它们多隐藏在砂堤、沙滩和海湾之中。那么，这些砂矿是如何产生的呢？这些砂矿最初都是陆地上的岩石和矿体，经过上千万年漫长的风化剥蚀、分崩离析，大的碎块变小，小的碎屑变成砂粒。它们是在风力和流水等自然力的作用下，随着江河的流向顺流而下，从不同的方向分别流入海河口、海湾，堆积在浅海地带而逐渐形成的。在这个蔚蓝的星球上，每1分钟大约有3万立方米的泥沙被河流带到海洋。这些含矿碎屑物在海流、潮流和海浪循环交替的作用下，按照它们比重、形状和大小的不同，进行自然的分选。比重和大小比较接近的有用矿物，会自然而然地聚集到一起，在一定的有利地貌部位，如古河床、砂堤、沙嘴、海滩、浅湾、岬角等，形成一种新的沉积矿床，这就是滨海砂矿。当它们的储量充足具有工业意义和经济价值时，人们便会对其进行开采利用。

◎砂矿类型

滨海砂矿是一种很重要的矿产类型，有非常多的矿种就来自滨海砂矿。例如，锡矿石主要分布于东南亚海岸；锆石、独居石和钛铁矿也产自滨海砂矿中，主要分布在美国、澳大利亚和印度沿海；金刚石砂矿主要产于西南非洲海岸；美国沿海还是砂金、砂铂的著名产地。在我国广阔的海岸线上，也蕴藏着丰富的滨海砂矿，目前已经发现有锆石、独居石、铬铁矿、钛铁矿、锡石、磷钇矿、石英砂等十几种经济价值极高的砂矿。大陆架在岩石成分和地质的构造上，都是大陆向下水的延伸。大陆架的矿产的形成方式及种类与大陆一样，而与大洋矿产大相径庭。这类矿产有煤矿、铁矿、锡矿、硫矿等。在世界许多近岸海底上，已陆续开采出煤铁矿藏。日本的海底煤矿开采量占其总产量的30%，其他国家如智利、英国、加拿大、土耳其也有开采。世界上最大的铁矿之一位于日本九州附近的海底。亚洲一些国家在其近海海域还发现许多锡矿。全世界已发现的海底固体矿产共有 20 多种。我国大陆架浅海区广泛分布有铜、煤、硫、磷、石灰石等矿产，具有很高的利用价值。

◎锰结核是如何产生的

科学家们研究认为，锰结核是一种自生矿物，它的分布与海水深度、地质构造、海底洋流息息相关，通常在水深 4 000～6 000 米处有它们的踪迹，其形成则与生物化学作用有关。目前，通过深海勘测，已经在太平洋、大西洋、印度洋的许多海区内发现了锰结核，储量约 3 万亿吨。我国从 70 年代起开始对锰结核进行勘探和开采。21 世纪，这种深海矿产资源将会得到有效的开采和利用。

富钴锰结壳是除多金属结核之外又一种重要的潜在新型矿产资源，多分布在海山、海岭和海底台地的顶部和上部斜坡区，通常在坡度较小、基岩长期裸露、缺乏沉积物或沉积层很薄的部位最富集。从地理纬度上来看，它们大多分布于赤道附近的低纬区，其中太平洋海山区最富集，在印度洋和大西洋局部海区也有发现。富钴锰结壳的开采较为容易，美日等国目前已设计出一些开采系统。由于其经济价值更高，又生长在较浅的海山上，较为容易开采，人们普遍认为它将比结核资源更早地投入商业性开采，因此，世界各国都对它均较为关注。

▶知识窗

在广阔的海洋底部，蕴藏着一种独特的资源，这就是多金属结核，又称为锰结核。它是一种由包围核心的铁、锰氢氧化物壳层组成的核形石。核心可能极小，有时完全晶化成锰矿。肉眼可以看到的可能是微化石介壳、磷化鲨鱼牙齿、玄武岩碎屑，或是先前结核的碎片。壳层的厚度和匀称性由于生成的时间不同而有所差异。有些结核的壳层间断，两面明显不同。结核大小不等，小的颗粒用显微镜才能看到，大的球体直径可超过 20 厘米。结核直径一般在 5～10 厘米之间，呈棕黑色，像马铃薯、姜块一样坚硬。表面多为光滑，也有粗糙、呈椭圆状或其他不规则形状。底部长期埋在沉积物中，看起来要比顶部粗糙许多。

拓展思考

1. 砂矿分为哪几种类型？
2. 矿藏资源包括什么？
3. 锰结核是怎样产生的？

青少年应该知道的海洋百科知识

可燃冰

Ke Ran Bing

◎基本介绍

可燃冰的自然学名为"天然气水合物"，是天然气在0℃和30℃大气压的作用下结晶而成的"冰块"。"冰块"里甲烷占80%～99.9%，可以直接点燃，燃烧后几乎不产生任何残渣，污染比煤、石油、天然气都要小得多。西方学者称可燃冰为"21世纪能源"或"未来能源"。

1立方米可燃冰可转化为164立方米的天然气和0.8立方米的水。科学家估计，海底可燃冰分布的范围约4000万平方千米，占海洋总面积的10%，海底可燃冰的储量够人类使用1 000年。据专家估计，全世界石油

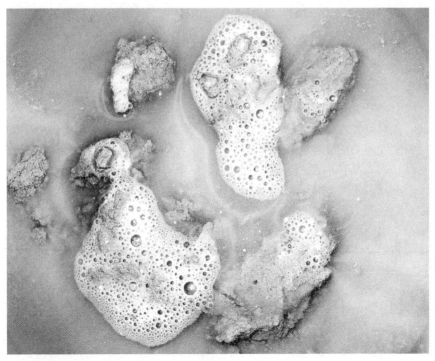

※ 可燃冰

总储量在2 700亿吨～6 500亿吨之间。按照目前的消耗速度来看，再有50～60年，全世界的石油资源将消耗殆尽。可燃冰的发现，让陷入能源危机的人类看到了新的希望。

◎何为可燃冰

可燃冰是一种甲烷水合物，它是由海洋板块活动而成的。当海洋板块下沉时，较古老的海底地壳会下沉到地球内部，海底石油和天然气便随着板块的边缘涌上表面。在深海中低温、高压的作用下，天然气与海水产生了化学作用，就形成了水合物。这些水合物像一个个淡灰色的冰球，因此称为可燃冰。

可燃冰的能量密度非常的高，1立方米可燃冰相当于170立方米的天然气。经粗略统计，在地壳表面，可燃冰储层中所含的有机碳总量，大约是全球石油、天然气和煤等化石燃料含碳量的两倍。海底可燃冰分布的范围约4 000万平方千米，占海洋总面积的10％。根据科学家的预测，海底可燃冰的储量够人类使用1 000年，利用前景十分广阔。

◎开采史

2004年6月2日，26名中德科学家从香港登上德国科学考察船"太阳号"，开始了对南海42天的综合地质考察。通过海底电视观测和海底电视监测抓斗取样，首次发现了面积约430平方千米的巨型碳酸盐岩。

我国从1993年起成为纯石油进口国，2020年将增至2亿吨左右。因此，查清可燃冰家底及开发可燃冰资源，对我国后续能源的供应和经济的可持续发展，在战略意义上十分重大。

1960年，苏联在西伯利亚发现了第一个可燃冰的气藏，并于1969年投入开发，采气14年，总采气50.17亿立方米。

美国于1969年开始实施可燃冰调查。1998年，把可燃冰作为国家发展的战略能源列入国家级长远计划，计划到2015年进行商业性试开采。

日本关注可燃冰的时间是1992年。目前，已基本完成周边海域的可燃冰调查与评价，钻探了7口探井，圈定了12块矿集区，成功取得可燃冰样本。并在2010年进行商业性试开采。

海底可燃冰的开采是一个非常复杂的问题，所以目前仍处于发展阶段，很可能在10年之后才能投入商业开采。

可燃冰带给人类的不仅是美好的一面，同样也有不可低估的困难，只有合理、科学地开发和利用，才能真正的造福于人类。

知识窗

可燃冰主要有三种开采方案。

第一是热解法，即利用可燃冰在加温时分解的特性，使其由固态分解出甲烷蒸汽。但这种方法的弊端在于不好收集。

第二种方法是降压法。有科学家提出将核废料埋入地底，利用核辐射效应使其分解。但它们都面临着和热解法同样的难题。

第三种方法是置换法，想办法将二氧化碳液化注入"可燃冰"储层，用二氧化碳将甲烷分子置换出来。

无论采用哪种方案，由于可燃冰结构的特殊性和海底环境的复杂性，对可燃冰矿藏的开采都较困难。与陆地上的常规开采相比，可能会破坏地壳稳定平衡，造成大陆架边缘动荡而引发海底塌方，甚至导致大规模海啸，带来灾难性的后果。可燃冰的开采就像一柄双刃剑，在考虑其资源价值的同时，必须充分重视它的开采将给人类带来的严重环境灾难。

拓展思考

1. 什么是可燃冰？
2. 对可燃冰的开采方案是什么？
3. 对可燃冰做简单概括。
4. 简述可燃冰的开采史。

深海锰结核

Shen Hai Meng Jie He

◎基本介绍

深海锰结核分布在5 000米深海的海底。大洋底蕴藏着极其丰富的矿藏资源，锰结核就是其中的一种。锰结核中含有30多种金属元素，其中最有商业开发价值的是锰、铜、钴、镍等。

看过《西游记》的人都会记得，孙悟空大闹东海龙宫得"镇海之宝"——金箍棒的故事。孙悟空的金箍棒是用金、银、铜、铁做的，威力无穷，能降妖伏魔。"镇海之宝"的故

※ 深海锰结核

事，纯粹是一则美丽的神话，但它反映了古代人们的愿望和幻想。如今，神话变成了现实，真正的海底"镇海之宝"锰结核已被人们发现，并开始大规模的采集。19世纪70年代，英国深海调查船"挑战"号在环球海洋考察中，首先发现了深海洋底的锰结核。100多年后，太平洋的锰结核被陆陆续续地大量发现，如果按照目前世界金属消耗水平来计算的话，铜可供应600年，镍可供应15 000年，锰可供应24 000千年，钴可满足人类13万年的需要，这是一笔多么巨大的财富啊！而且这种结核增长很快，每年以1000万吨的速度在不断堆积，因此，锰结核将成为一种人类取之不尽的"自生矿物"。

◎分布范围

锰结核广泛地分布在世界海洋2000～6000米水深海底的表层，而以生成于4000～6000米水深海底的品质最佳。锰结核总储量估计在30 000亿吨

42

以上，其中以北太平洋分布面积最广，储量占一半以上，约为17 000亿吨。锰结核密集的地方，每平方米面积上有100多千克。

锰结核不仅储量巨大，而且还会不断地生长。生长的速度因时因地而异，平均每千年长1毫米。以此累积的话，全球锰结核每年增长1 000万吨。锰结核堪称"取之不尽，用之不竭"的可再生多金属矿物资源。

◎物质来源

锰结核的物质来源，主要有四个方面：一是来自陆地、大陆或岛屿的岩石风化后释放出铁、锰等元素，其中一部分被海流带到大洋中沉淀；二是来自火山，岩浆喷发产生的大量气体与海水相互作用时，从熔岩搬走一定量的铁、锰，使海水中锰、铁越来越密集；三是来自生物，浮游生物体内富集微量金属，它们死亡后，尸体分解，金属元素也就进入海水；四是来自宇宙，有关资料表明，宇宙每年要向地球降落2000～5000吨宇宙尘埃，它们富含金属元素，分解后也进入海水。

▶知识窗

　　锰结核是如何形成的呢？这是一个令人不解的话题。一般有以下三种说法：一是生物成因。锰结核的金属来源于沉降到海底的海洋动物遗骨。当它们被生活在结核表面的底栖微生物食用后，使金属聚集，逐渐使锰结核增长；二是火山成因。锰结核是由海底火山及由此产生的火山岩的缓渐蚀变，使岩石中含有的金属被淋滤，经过沉淀而形成的；三是自生化学沉积说。该学说认为锰结核的金属源自海水和沉积物的孔隙水，河流将大陆上的某些金属元素和沉积物带到海中，经过自生化学沉积作用而形成了锰结核。几种说法各有各的道理，锰结核究竟是什么原因形成的，恐怕也只能在今后的实践中去寻找答案了。

▶拓展思考

1. 锰结核有多少种金属元素？
2. 锰结核分布在什么地方？
3. 锰结核来自于什么地方？
4. 锰结核是怎样形成的？

海洋能

Hai Yang Neng

◎基本介绍

海洋能是海洋中的一种可再生能源，海洋通过各种物理过程接收、储存和散发能量，这些能量以潮汐、波浪、温度差、盐度梯度、海流等形式存在于海洋之中。它的种种优点吸引着各国科学家积极研究。

※ 海洋能源

◎海洋能的特点

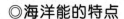

1. 海洋能占海洋总水体的一大部分，而单位体积、单位面积、单位长度所拥有的能量都比较小。这就意味着，要想得到大能量，就要从大量的海水中获得。

2. 海洋能具有可再生性。它既不用烧煤，也不用烧油，而是来源于太阳辐射能与天体间的万有引力，只要太阳、月球等天体与地球共存，海洋能源就不会枯竭。

3. 海洋能有较稳定与不稳定能源的区别。较稳定的能源有温度差能、盐度差能和海流能。不稳定能源又分为两种：一种是变化有规律的，一种是变化无规律的。不稳定能源属于不稳定但变化有规律的有潮汐能与潮流能。现实中，人们可根据潮汐潮流变化的规律，编制出各地逐日逐时的潮汐与潮流预报，预测未来所发生的潮汐大小与潮流强弱。潮流电站可根据预报表调整发电的运行，波浪能则属于既不稳定又无规律的一种。

4. 海洋能属于新型的清洁能源，使用它发电不必消耗燃料，也不产生废物、废液、废气，不需要运输。开发海洋能源不会产生新的污染，对环境的影响小于传统的能源开发产业，其中利大于弊。可以说是最具绿色环保意念的"蔚蓝力量"。

◎海洋能源的种类

1. 潮汐能

因月球引力的变化引起潮汐现象，潮汐导致海水平面周期性地升降，因海水涨落及潮水流动所产生的能量就称之为潮汐能。

潮汐能可以像水能和风能一样用来推动水磨、水车等，也可以用来发电。当前，潮汐能的主要功能就是发电。

我国海岸线的长度为 1.8 万千米，潮汐能资源十分丰富。目

※ 潮汐能

前，在潮汐能资源的开发利用上，我国沿海地区已经修建了一些中小型潮汐发电站。在温岭江厦港，就有一座我国规模最大的潮汐发电站——江厦潮汐发电站，这是世界第三、亚洲第一大潮汐发电站。潮汐发电站受潮水涨落的影响，具有很大的不稳定性，海水对水轮机及其金属构件的腐蚀及水库泥沙淤积问题都比较严重。这些问题都是亟需解决的，只有将这些问题解决好了，才能更好地利用潮汐能发电。

2. 波浪能

波浪能有很多的优点，比如能量的密度高、分布也广泛。特别是在能源消耗多的冬季，可以利用的波浪能的能量也最大。它的能量如此巨大，一直都吸引着沿海的能工巧匠们。他们想尽各种办法，期望能够驾驭海浪开辟一片新的天地。

波浪能之所以能够发电是通过波浪能装置，将波浪能首先转换为

※ 波浪能

机械能，再最终转换成电能。这一能源技术源自于 20 世纪 80 年代初，西方海洋大国利用新技术优势纷纷展开实验，但受客观条件和技术影响，所取得的效果有好有差。

3. 海流能

海流能简而言之就是海流所存储的动能。海流能的能量与流速的平方和流量成正比。与波浪能相比，海流能的变化要平稳且有规律得多。海流能有着巨大的开发价值。

海流能的利用方式主要也是发电。1973 年，美国研制出一种名为"科里奥利斯"的巨型海流发电装置。该装置为管道式水轮发电机，机组长 110 米，管道口直径 170 米，安装在海面下 30 米处。在海流流速为 2.3 米/秒条件下，该装置可获得 8.3 万千瓦的功率。此外，日本、加拿大也在大力研究试验海流发电技术。我国的海流发电研究也已经有样机进入中间试验阶段，发展前景是不可限量的。

利用海流发电，除了上面所说的类似江河电站管道导流的水轮机外，还有类似风车桨叶或风速计那样机械原理的装置。有一种海流发电站，由许多转轮成串地安装在两个固定的浮体之间组成，在海流冲击下呈半环状张开，看上去像一个美丽的花环，因此被称为花环式海流发电站，它是目前海流发电站的主要形式。

4. 海洋温差能

海洋是一个巨大的吸热体，仔细观察不难发现，地球上的海洋除了南北的极地和部分浅海外，通常不会结冰，尤其是赤道附近的海域，海水表面温度几乎是恒温的，因此在描述海洋时人们都说它是温暖的。海洋深处的海水温度却很低，它一年四季温度只有摄氏几度，无论如何，太阳也没有办法把它晒热，这与海洋上层的温水比较，大约有 20℃的温差。根据热力学原理可得出，凡有温度差异都可用来作功，这就是我们所要讲的海洋温差能。

海洋温差能的主要功能就是利用温差发电。海洋温差发电主要采用两种循环系统：一种是开式，一种是闭式。在开式循环中，表层温海水在闪蒸蒸发器中，由于闪蒸而产生蒸汽，蒸汽进入汽轮机作功后流入凝汽器，由来自海洋深层的冷海水将其冷却。在闭式循环中，来自海洋表层的温海水先在热交换器内将热量传给丙烷、氨等低沸点工质，并且使之蒸发，产生的蒸汽推动汽轮机作功后再由冷海水冷却。在无限循环的过程中，可以不断地将海水的温差变成电力，由此使发电成了现实。

5. 海洋盐差能

盐差能就是指海水与淡水之间或两种含盐浓度不同的海水之间的化学电位差能。这种能量主要存在于河流与海洋交接的地方。同时，淡水丰富地区的盐湖和地下盐矿也可以利用盐差能。盐差能是海洋能源中密度最大的一种可再生能源。海洋盐差能可以用来发电在很久以前已被人们认识到。

盐差能发电原理主要是：当把两种浓度不同的盐溶液盛在一个容器中时，浓溶液中的盐类离子就会自发地向稀溶中扩散，一直到两者浓度达到一致。所以，盐差能发电，就是利用两种含盐浓度不同的海水化学电位差能，并将其转换为有效电能。有学者在经过详细的计算后，发现在17℃时，如果有1摩尔盐类从浓溶液中扩散到稀溶液中去，就会释放出5 500焦的能量。根据这一结论，专家设想，只要有大量浓度不同的溶液可供混合，就一定会有巨大的能量释放出来。经过进一步计算还发现，如果利用海洋盐分的浓度差来发电，它的能量可排在海洋波浪发电能量之后，但又要大于海洋中的潮汐能和海流能。

▶ 知 识 窗

　　海洋能是一种蕴藏在海洋中的可再生能源，包括潮汐能、波浪引起的机械能和热能。海洋能同时也涉及一个更广的范畴，包括海面上空的风能、海水表面的太阳能和海里的生物质能。中国拥有18000千米的海岸线和总面积达6700平方千米的6960座岛屿。这些岛屿大多远离陆地，因而缺少能源供应。因此要实现我国海岸和海岛经济的可持续发展，必须大力发展我国的海洋能资源。

拓展思考

1. 海洋能是不是可再生能源？
2. 海洋能有什么能源？
3. 海洋能可分为哪几种？

青少年应该知道的海洋百科知识

食物资源
Shi Wu Zi Yuan

◎海洋食品的使用

地球上的海洋是人类生命的摇篮，从第一个有生命力的细胞诞生到现在，仍有 20 多万种生物生活在海洋中。从低等植物到高等植物，从植食动物到肉食动物，加上海洋微生物，构成了一个庞大的海洋生态系统，蕴藏着不可限量的生物资源。据估计，全球海洋浮游生物的年生产量为 5 000 亿吨，在不破坏生态平衡的条件下，每年可提供给人类够 300 亿人食用的水产品，可以说这是一座极其诱人的食物宝库。

※ 藻类食物

在很久很久以前，人类就已经开始食用海洋食品了。古埃及人曾在尼罗河和地中海上捕鱼，并试图在池塘里进行人工养殖，因为鱼类是他们蛋白质的最佳来源。古希腊人也广泛地食用鱼类和贝类，包括海水和淡水中的，他们将鱼类和贝类制作成美味的罐头以及咸干鱼。

随着社会的发展和人类的进步，人们研究发现，海洋食品中含有蛋白质、碳水化合物、类脂化合物、维生素和矿物质，这些都是人类自身生长发育、健康长寿必不可少的营养成分。现在，大多数人已经认识到，海洋食品对于人类来说是一种绝佳的营养来源。

藻类在海洋生物资源中占有特殊的重要地位，人们常食用的藻类有：蓝藻中的地木耳、发菜、葛仙米、大螺旋藻；绿藻中的绿紫菜、苔菜、石莼；红藻中的紫菜、石花菜；褐藻中的海带、裙带菜。大多数海藻性甘、味寒、属咸，是人们颇为喜爱的产品。

◎藻类营养成分

藻类食品含有丰富的营养成分，具体如下：

蛋白质：不同种类的藻类植物中含有的蛋白质含量也不同。一般绿藻和红藻的含量高于棕色海藻。绿藻的蛋白质含量介于 $10\%\sim26\%$ 之间，而红藻的含量要更高一些，红藻的有些种类的蛋白质含量可达到 47%，远远超过了黄豆的蛋白质含量。海藻的蛋白质含量会跟随季节的变化而变化，通常冬季末和春季的蛋白质含量较高，夏季的蛋白质含量较低。

糖类：藻类植物的糖类含量较高，多数是有黏性的糖类。这些糖不易消化，作为热源其营养价值不高，但具有调理肠胃的作用。

维生素：藻类富含多种维生素，其中 β 一胡萝卜素含量最高，特别是紫菜，每 100 克干制品含量可达11 000国际单位。

灰分：藻类植物普遍都含有丰富的灰分，如发菜中的钙含量可达 2.5%，海带中则为 1.3%；紫菜中含钾量达 1.6%，海带中则为 1.5%；海藻中碘含量高，如海带为 $0.2\%\sim0.5\%$，裙带菜为 $0.02\%\sim0.1\%$，碘对预防甲状腺肿大发挥着很大的作用。

◎贝类种类

贝类生活在各个海洋区，比较容易找到，所以人们很早就开始捕获它们，其中比较有经济价值的是鲍鱼、贻贝、扇贝、蛏子、牡蛎、鱿鱼等。它们味道鲜美、营养丰富，备受人们的喜爱。

我们知道，海洋世界中存在着多条食物链。在海洋中，有了海藻就会出现贝类，有了贝类就会出现小鱼乃至大鱼……世界上大部分渔场都在近海。这是因为藻类生长需要阳光和硅、磷等化合物，只有靠近陆地的大海才具备这样的条件。1 000米以下的深海水中含有丰富的硅、磷等元素，但它们无法浮到温暖的表面层。因此，只有少数范围不大的海域，在自然力的作用下，深海水自动上升至表面层，从而使这些海域海藻丛生，鱼群密集，成为富饶的渔场。

综上所述，一般温带海区的渔场较多。这是因为，温带海区季节变化显著，冬季表层海水和底部海水发生交换，海洋里的海水含有丰富的营养盐类，有利于浮游生物的繁殖。此外，寒暖流交汇和冷海水上泛处，饵料很丰富，所以，此处也可形成不可多得的渔场。

世界上大多数渔场在水深几百米以内的海域，百分之八十的面积属于大陆架浅海。那么，怎样才能让海洋深处的海水上升到表面层，从而形成有利渔场的条件呢？经过海洋学家们的研究，终于找到了突破口，他们利用回升流的原理，在那些光照强烈的海区，用人工方法把深海水抽到表面层，然后在那里培植海藻，再用海藻饲养贝类，并将加工后的贝类喂养龙虾。令人惊喜的是，这一系列试验取得了圆满的成功。

有关专家认为，海洋食品库拥有着巨大的潜力。目前，产量最高的陆地农作物每公顷的年产量折合成蛋白质计算，只有 0.71 吨。而科学试验同样面积的海水饲养产量最高可达 27.8 吨，其中有 16.7 吨还具有非常大的商业竞争力。

▶ 知 识 窗

从广泛意义上说，世界有五大渔场，它们分别是：

1. 北太平洋渔场：主要包括北海道渔场、我国舟山渔场、北美洲西海岸众多渔场在内的广阔区域；

2. 东南太平洋渔场：主要包括秘鲁渔场在内的广阔区域；

3. 西北大西洋渔场：主要包括纽芬兰渔场在内的广阔区域；

4. 东北大西洋渔场：主要包括北海道渔场在内的广阔区域；

5. 东南大西洋渔场：主要包括非洲西南部沿海渔场在内的广阔区域。

拓展思考

1. 藻类植物的营养成分包括什么？

2. 贝类有哪几种类？

3. 简单说一下世界渔场的分布？

青少年应该知道的海洋百科知识

中药资源

Zhong Yao Zi Yuan

◎海洋植物的种类

关于海洋药用的植物，目前已发现 100 多种，主要分布在蓝藻门、绿藻门、褐藻门、金藻门、甲藻门和红藻门。我国最早的药学专著《神农本草经》记载海藻："味苦寒，主瘿瘤气，颈下核，破散结气，痈肿症瘕坚气。"《本草纲目》中记载："（紫菜）主治心热烦躁，瘿结积块之痰，宜常食之。"海带的提取物和制剂有缓解心绞痛、镇咳、平喘的功效，对高胆固醇、高血压和动脉硬化症状的病人有很好的治疗效果。

海洋药用动物：海洋药用动物现知在 1 000 种以上，研究较多的有腔肠动物、海洋软体动物、海洋节肢动物、海洋棘皮动物、海洋鱼类、海洋爬行动物和海洋哺乳动物，这些几乎包括了所有门类。

药用腔肠动物：现知的数量有数十种，分布在水螅虫纲、钵水母纲和珊瑚虫纲中。如《本草纲目拾遗》中指出："白皮子味咸涩，性温，消痰行积，止带祛风"，用于高血压、妇女劳损、带下、小儿风热、气管炎、哮喘、胃溃疡等。柳珊瑚的前列腺素衍生物，可用于节育、分娩、人工流产、月经病、胃溃疡和气喘，此外还能够调节血压和新陈代谢。

淡菜干

※ 淡菜

药用软体动物：世界上有数百种，中国已知的有 130 多种，主要分布在多板纲、双壳纲、腹足纲和头足纲。贻贝能养肾清补、降低血压、抗心律失常。珍珠具有镇惊安神、养阴熄风、清热解毒、养颜美容和延缓衰老等多种功效。

药用棘皮动物：现知数量有数十种，研究较多的是海参纲、海胆纲和海星纲中的种类。如刺参有和胃止痛、消肿排脓的功能，可以用来治疗治神经衰弱、消化不良、子宫脱垂、白带过多、阳痿等症。紫海胆有制酸止痛、清热消炎的功效，用于胃及十二指肠溃疡、甲沟炎等。由陶氏太阳海星和罗氏海盘车制成的海星胶代血浆，具有良好的治病效果。

药用节肢动物：最受关注的是软甲纲中十足目的种类，主要包括虾类、寄居蟹类和蟹类，以及肢口纲中的鲎类。如寄居蟹有清热散血、滋阴补肾、壮阳健胃、除湿热、利小便、破瘀解毒、消积止痛、抑制胆固醇等功效，而且含有一定的抑瘤成分。对虾有补肾壮阳、健脾化痰、益气通乳等功效，可以用来治疗肾虚阳痿、腰酸膝软、中风后半身不遂、气血虚弱、产后乳汁不下等症。

药用爬行动物：目前已知的有数十种，包括海蛇类和海龟类。如玳瑁为名贵中药，具有定惊、清热解毒之功，适应于治热病神昏、谵语、惊厥等症。海蛇类均有药用价值，海蛇肉能滋补强壮，海蛇胆有行气化痰、清肝明目等效能，海蛇血能补气血、壮筋骨，海蛇油用于治疗冻伤、烫伤、皮肤皲裂，海蛇酒有活血、止痛等作用。

药用鱼类动物：现知的有数百种，而中国有200种以上，主要分布在圆口纲、软骨鱼纲和硬骨鱼纲三个纲。如海洋鱼类普遍含有廿碳五烯酸，这种成分具有防治心血管疾病的功能。鲨鱼中的角鲨烯有抗癌的用途。海马、海龙是著名的强壮补益中药，具有补肾壮阳、散结消肿、舒筋活络、止血止咳等功能，主要用于神经衰弱、妇女难产、乳腺癌、跌打损伤、哮喘、气管炎、阳痿、疔疮肿毒、创伤流血等。

药用哺乳动物：中国现知的药用哺乳动物有十多种，主要分布在的鲸目和鳍脚目。例如海豚的脂肪、肝、脑垂体、胰、卵巢等都是宝贵的药材，能提制抗贫血剂、胰岛素，以及催产素和促肾上腺皮质激素等多种激素。

辽阔的海洋是尚待人类开发的资源宝库，也是极其诱人的蓝色药库。在未来世纪，海洋药物开发必将登上一个新的台阶。

▶知识窗

中药是我国传统医药的主要代表之一，海洋中药则是我国中药宝库不可或缺的组成部分，是一种民间长期用药经验的总结。历代本草中经现代临床实践证明疗效确切的海洋药物有110多种，是寻找先导化合物和开发海洋药物的重要资源。从海洋中药开发新药具有针对性强、见效快、周期短等优点，发展前景乐观。

现知海洋药用生物达1 000种以上，分别隶属于海洋细菌、真菌、植物和动物的各个门类。它们对人体和其他动植物具有良好的药效价值。

▌拓展思考▐

1. 我国中药宝库的不可或缺的组成部分是什么？
2. 海洋植物的种类有哪几种？

海洋食物链

Hai Yang Shi Wu Lian

◎海洋生物链

在生态学上，生物链指的是由动物、植物和微生物之间以食物营养关系而形成的相互依存的链条之间的关系。生物链的例子常常出现在我们周围，而且使人类颇为受益。比如，植物长出的叶子和果实为昆虫提供了食物，昆虫成为鸟的食物源，有了鸟，才会有鹰和蛇，有了鹰和蛇，鼠类才不至于出现泛滥成灾的现象。

海洋生物的种类和数量非常的多，到目前为止，人们根本无法用确切的数字来阐明海洋中有多少种生物，而且海洋生物之间关系极其的复杂。

在自然界中，当动物的粪便和尸体回归土壤后，土壤中的微生物会把它们分解成简单化合物，为植物提供养分，促使植物的成长。就这样，生物链为自然界物质建立起了一个健康的良性循环。

此外，我们还可以把生物链理解为自然界中的食物链或营养链，这样就形成了大自然中"一物降一物"的现象，维系着各不同物种间天然的数量平衡。

在海洋生物的群落中，食物链的结构仿佛是一个金字塔，底座很大，然而每上一级就缩小一些：第一级是由数量庞大的海洋浮游植物构成的，是食物链金字塔的"塔基"，也就是食物链中最基础的部分，通过光合作用生产出碳水化合物和氧气，是维持海洋生物生命的物质基础；第二级是海洋浮游动物，食物链把海洋浮游植物作为食物；第三级是以浮游动物为食的动物群；第四级是较高级的食肉性鱼类；第五级则是大型食肉性鱼类、海兽，这些动物处在金字塔的最顶端。

◎海洋食物链的类型

海洋食物链的类型主要有两种：一种是放牧食物链。这种类型的食物链是从绿色植物开始，例如浮游植物类等，转换到放牧的食草动物中，并以食活的植物为生，最后以食肉生物为终点，其实，这一过程就是人们常说的"大鱼吃小鱼，小鱼吃虾米，虾米吃泥土"。第二种类型是腐败或腐质食物链。这一食物链的转移方式是：从死亡的有机物开始，得到微生物，并以摄食腐质的生物为生的捕食者为最终点。实际上，在海洋中这种类型的食物链之间是相互连接着的。有时也不是刻意按某种方式进行，而是有交叉、有连接，多种混合方式同时进行。

◎海洋食物链的种类

海洋中有约 10 万种动物，在这些动物中，除凶猛的食肉动物外，绝大多数鱼类之间都是"和平共处"，相安无事。因此，海洋动物已成为世界上种类和数量最多的动物。令人难以置信的是，地球上最大的动物——鲸类，它的食物来源居然是海洋中最小的动物——小鱼和磷虾。这种情况似乎有些不合常理，但是，当你了解了它们之间的特殊关系后，就会感到这是情理之中的事。在海洋中，磷虾的数量很多，密度也非常的大。它们似乎是被输入了某种"指令"一样，聚集成一团又一团，专门供须鲸食用的。若非如此，身躯庞大的须鲸，是不可能填饱肚子的。这一切似乎是上天安排好了的。亿万年来，这种独特的金字塔式的生物种群间的关系，维系着海洋生物种群的生命。这种生命的维系关系，又可以称为海洋食物网。海洋中各种生物建立起的食物链，通常比陆地食物链更为复杂。

▶知识窗

·海洋食物链或食物网的特点·

1. 一般海洋生态系统食物链较长，尤其是大洋区食物链，经常达到 4～5 级。而陆生食物链通常仅有 2～3 级，很少会达到 4～5 级。

2. 海洋食物链的部分环节是可逆的、多分支的，加上碎屑食物链、植类食物链和腐类食物链相互交错，网络状的营养关系比陆地的更多样、更复杂。因此，在海洋中用食物网来表达海洋生物之间的营养关系是再合适不过了。

3. 食物链所表示的是有机物质和能量从一种生物传递到另一种生物中的转移与流动方向，而不体现每一营养层所需的有机物和能量的数量。

4. 食物链每上升到一个高的层次，有机物质和能量就会出现较大的缺失，食物链的层次越多，总体效率越低。因此，从初级生产者浮游植物、底栖植物或碎屑算起，处于食物链层次越高的动物，其数量相对来说也越少。

拓展思考

1. 海洋生物链是什么？
2. 海洋生物链的特点是什么？
3. 海洋生物链所具有的种类是多少？

海

第三章

洋中神奇的动物

HAIYANGZHONGSHENQIDEDONGWU

神奇——蝠鲼

Shen Qi——Fu Fen

◎体态特征

"魔鬼鱼"是一种生活在热带和亚热带海洋深处的软骨鱼类，学名叫蝠鲼，又被人们称为"水下魔鬼"。蝠鲼一般体态是平扁，宽大于长，可达 6 米，体重达 3000 千克。体盘菱形，一头宽大平扁；吻端宽而横平；胸鳍长大肥厚如翼状，头前有由胸鳍分化出的两个突出的头鳍，头鳍位于头的两侧；尾是细长的，好像鞭子一样，具有一小型背鳍，还有一些种类的尾上有一个或

※ 蝠鲼

更多的毒刺；嘴巴是宽大的，前位或下位；牙细而多，近铺石状排列；上、下颌具牙带，或上颌无牙；鼻孔恰位于口的前两侧，出水孔开口于口隅；喷水孔较小，三角形，位于眼后，距眼有一相当距离；鳃孔宽大；腰带深弧形，正中延长尖突。

蝠鲼是鳐鱼类的一种，属它体型最大。虽然它没有攻击性，但是在受到惊吓时，它自身的力量足以撞毁小船。它的个头和力气常使潜水员望而生畏，因为它发怒时，只需用它那强有力的"双翅"一拍，就会碰断人的骨头，使人为之丧命。

◎生活习性

蝠鲼主要以浮游生物和小鱼为食，经常穿梭于珊瑚礁附近。它扇动着大翼在海中缓慢游动时，会用前鳍和肉角把浮游生物和其他微小的生物拨进它宽大的嘴里。由于它的肌力较大，因此连凶猛的鲨鱼也要让它三分。

蝠鲼喜欢成群游泳，在游泳时，它们会扇动起三角形胸鳍，拖着一条长而尖的尾巴，遨游在海水中。蝠鲼便体型较大，它也能轻松作出旋转状

的跳跃。随着旋转速度的加快，蝠鲼也跟着迅速上升，"凌空出世"般跳出海面。落水时声响剧烈，波及数里，壮观至极。

◎最小的蝠鲼

世界上最小的蝠鲼来自澳大利亚，名叫无刺蝠鲼，体宽不超过 60 厘米。大西洋的前口蝠鲼是本科中最大种类，体宽可达 7 米，体色呈黑色或褐色，强大但并不会攻击人类。

◎食物特征

蝠鲼体型虽大，但却以浮游生物、甲壳动物和小鱼为食。它们是走到哪里吃到哪里的机会主义者，发现食物丰盛的区域后便呈直线般地来回游动，将食物集中在相对窄小的区域，头部那对可以转动的头鳍在捕食时的作用大过牙齿，可以将大量的浮游生物顺势纳入大嘴中。

▶ 知 识 窗 ◀

　　蝠鲼虽然长相怪异，但其性情活泼，喜欢搞一些搞笑的恶作剧。有时它故意潜到正在海上航行的小船底部，用体翼敲打船底，发出呼呼的响声，使船上的人胆战心惊；有时它会游到停下来的小船旁，把肉角挂在小船的锚链上，把小铁锚拔起来，使人手足无措；又或是它用头鳍把自己挂在小船的锚链上，拖着小船在海上游来游去，使渔民误以为这是"魔鬼"在作怪。这就是蝠鲼"水下魔鬼"称号的来由。

▌拓展思考▐

1. 蝠鲼的体态特征是什么？
2. 最小的蝠鲼是什么？
3. 蝠鲼以什么为主食？
4. "水下魔鬼"的称号是怎么来的？
5. 蝠鲼最喜欢的运动是什么？

能发电—— 电鳐

Neng Fa Dian——Dian Yao

◎体态特性

电鳐的个体也非常的大，可以长达 2 米，很少在 0.3 米以下。背腹扁平，头和胸部在一起。尾部呈粗棒状，像团扇。身体的颜色是褐色，有少数不规则暗斑。鳃孔有 5 个，狭小，直行排列。齿细小而多。电鳐栖居在海底，一对小眼长在背侧面前方的中间。在头胸部的腹面两侧各有一个肾脏形蜂窝状的发电器。它们排列成六角柱体，我们称之为"电板"柱。电鳐身上共有 2 000 个电板柱，有 200 万块"电板"。

◎分布范围

沿海，而居。近海底栖鱼类。黄海、渤海常见。

◎电鳐发电的原因

在鱼类家族中，有一类鱼非常的稀奇，它居然会发电和发射无线电波。这种鱼名叫电鳐，是沿海常见的一种软骨鱼类。

电鳐之所以能发电，是因为它身体上长有一个由鳃部肌肉变异而来的发电器。在头部的后部和肩部胸鳍内侧，左右各有一个卵圆形蜂窝状的大发电器。发电器官的基本结构是一块块小板——"电板"，约 40 个电板上下重叠起来，形成一个个六角柱状管，每侧有 600 个管状物，称为电函管，其中有胶质物填充，起到绝缘的作用，故肉眼观察为半透明的乳白色，与周围粉红色肌肉有着明显的区别。每块电板布有神经末梢，一面为负电极，另一面为正电极，放电量为 70～80 伏特，有时能达到 100 伏特，每秒放电 50 次。在连续放电后，它体内的电流会逐渐减弱，10～15 秒钟后全部消失，休息片刻后又能重新恢复放电能力。人们解剖电鳐时，发现其胃内有完整的鳗鱼、比目鱼和鲑鱼，这是电鳐放电把活动力强的鱼击昏然后吞食的结果。因此，电鳐又有海中"电击手"的称号。

▶知识窗

　　常见的发电动物有电鳐，刺鳐、星鳐、何氏鳐、中国团扇鳐等，也都有着较弱的发电器官。电鳐的放电特性启发人们发明了现在所使用的电池。人们平常用的干电池，在正负极间的糊状填充物，也是受电鳐发电器里的胶质物启发所改进的。

拓展思考

1. 电鳐身上有多少个电板柱？

2. 电鳐的体态特征是什么？

3. 电鳐发电的原因是什么？

4. 还有什么动物会发电？

海中霸王—— 鲨鱼

Hai Zhong Ba Wang—— Sha Yu

◎形态特征

鲨鱼的体型各不相同，身长小至 20 厘米，大至 18 米。鲸鲨是海中最大的鲨鱼，长成后身长可达 20 米。虽然鲸鲨的体型庞大，它的牙齿在鲨鱼中却是最小的。最小的鲨鱼是侏儒角鲨，小到可以放在手上。它长约20～27 厘米，重量还不到 1 千克。

所幸鲸鲨的食物是浮游生物，否则，人类可就有难了！所有的鲨鱼都有一身的软骨。鲨鱼的骨架是由软骨构成，而不是由骨头构成。软骨比骨头更轻、更具有弹性。所有的鲨鱼都属于鲨纲，而鲨纲动物都具有软骨。

鲨鱼的牙齿是没有定数的，和其他鱼类不同，鲨鱼骨架是由软骨组成的，而不是硬骨。骨架的某些部位有种被称为嵌片的特殊板状组织，这种板状组织是由坚硬的钙盐组成。有的鲨鱼每年能长几千颗牙齿，原来的牙齿会老化松动，并被后面一排新牙所取代。所有鲨鱼的牙齿都定期地长出，定期地脱落，这是很有规律性的。

鲨鱼的嗅觉十分发达，它的鼻孔在头部腹面口的正前方，有的具有口鼻沟，连接在鼻口隔之间。有人测定，1 米长的鲨鱼的嗅膜总面积可达4 842平方厘米，因此它的嗅觉异常灵敏，在很远的地方就能闻到血腥味，所以它的鼻子有"游泳者之鼻"的美称。

◎鲨鱼的种类

鲨鱼是最古老、仅存的有颚脊椎动物，它遍布世界各个大洋中，全世界约有 350 种，中国海有 70 多种。大部分鲨鱼对人类有利而无害，只有30 多种鲨鱼会攻击人类和船只。鲨鱼向来就有吃人的恶名，但并不是所有的鲨鱼都吃人。

鲨鱼呈流线形体型，所有的鲨鱼骨架都是由软骨构成，而不是由骨头构成。软骨是一种较软的活性物质，富有弹性，人类耳朵的坚硬部分就是由软骨构成的。鲨鱼没有鱼鳞，表皮比较粗糙，上面覆盖着细小的齿状物，像一个个倒竖的棘刺。大部分鲨鱼口中都有成排的利齿，游泳技术也非常的高强。鲨鱼的生长速度很慢，寿命大约为 20～30 年。

◎食物特性

鲨鱼主要以鱼类为食，通常只吃活食。鲨鱼在寻找食物时，通常会"兵分几路"，一旦发现目标就会"群起而攻之"。尤其是在轮船或飞机失事有大量食饵落入水中时，它们会表现得异常兴奋，几乎要吃掉所有的食物，有时还会为了争夺食物发生互相残杀的现象。

鲨鱼以受伤的海洋哺乳类、鱼类和腐肉为生，剔除动物中较弱的成员。鲨鱼也会吃船上抛下的垃圾和其他废弃物。此外，有些鲨鱼也会猎食各种海洋哺乳类、鱼类、海龟和螃蟹等动物。有些鲨鱼能几个月不进食，大白鲨就是其中一种。根据相关报道，大白鲨要隔一、两个月才进食一次。

◎特殊的器官

鱼体内有一种特殊的器官叫鱼鳔，它是一个可以自由控制的气囊，用来调节沉浮。而鲨鱼是海洋中极少数没有鳔的鱼，由于鲨鱼自身的身体比重大于水，如果一直不游动，便会直沉海底，被水的压力压死。那么，鲨鱼在水中如何控制自己的上浮和下潜呢？这主要是靠它体内巨大的肝脏。在南半球发现的一条 3.5 米长的大白鲨，其肝脏重量达 30 千克。可以说，鲨鱼之所以能在深海中生存，具有顽强的生命力，都来自于其巨大的肝脏。

▶ 知识窗

鲨鱼是至今尚存最古老的动物之一。它们的祖先出现在 14 亿年前的泥盆纪海洋中。作为海洋食物链中最重要的组成部分，鲨鱼在维护海洋生态环境当中发挥了很大的作用，而当今人们对鲨鱼鱼翅情有独钟，视其为美味佳肴，极富营养。但有关专家却说，目前尚没有科学根据证明食用鱼翅对健康会有特别功效。鱼翅汤的美味主要来自它的配料，而不是鱼翅本身。而令人担忧的是，大肆捕杀已经对海洋环境造成了严重影响。

拓展思考

1. 简单对鲨鱼的体态特性做一个简述。
2. 鲨鱼有多少种种类？
3. 鲨鱼以什么为生？
4. 鲨鱼身上特殊的器官是什么？

海中鸳鸯——蝴蝶鱼

Hai Zhong Yuan Yang——Hu Die Yu

◎体态特征

蝴蝶鱼的体型侧扁而高，菱形或近于卵圆形。最大的体长可超过 30 厘米，如细纹蝴蝶鱼。口小，前位，略能向前伸出。两颌齿细长，尖锐，刚毛状或刷毛状；腭骨无齿。蝴蝶鱼嘴的形状非常适宜伸进珊瑚洞穴去捕捉无脊椎动物。它的椎骨有 1 014 根，后颞骨固连于颅骨，侧线完全或不延至尾鳍基，体被中等或小型弱栉鳞，奇鳍密被小鳍，无鳞鞘。

◎生长繁殖

蝴蝶鱼产浮性卵，长圆形，有油球。蝴蝶鱼产卵于沿岸浅水水底，早期生育需经两个阶段，一是羽状幼体阶段，即浮游生活阶段；二是纤长幼体阶段，即底栖生活阶段。羽状幼体形态特殊，背鳍前方有一丝状或羽状附属物是其主要特征。

◎生活环境

蝴蝶鱼栖息在色彩鲜艳的珊瑚礁礁盘中，早就练就了一系列适应环境的本领，例如它的体色可以随着周围环境的变化而变化。蝴蝶鱼的身体外面有大量色素细胞，在神经系统的控制下能够收缩自如，从而呈现出不同的色彩。一般情况下，一尾蝴蝶鱼改变一次体色时间长则几分钟，短则仅需几秒钟。在弱肉强食的复杂海洋环境中，蝴蝶鱼的变色与伪装，目的是为了使自己的体色与周围环境相似，达到与周围物体以假乱真的地步。正因为如此，在亿万种生物的顽强竞争中，小小的蝴蝶鱼为自己的生存赢得了一席之地。

◎海中鸳鸯

蝴蝶鱼对爱情的忠贞是最令人敬佩的。蝴蝶鱼大部分都是成双入对，好似陆地上的鸳鸯一样，总是成双成对在珊瑚礁中游弋、戏耍。当一尾去捕食时，另一尾就在其周围警戒。蝴蝶鱼由于外表美丽，因此受到了世界各国观赏鱼爱好者的青睐。

▶ 知 识 窗 ··

·蝴蝶鱼的美名是怎么得来的·

当人们看到陆地上翩翩起舞的蝴蝶时就会赞不绝口，而蝴蝶鱼的美名，就是因为这种鱼的外形很像蝴蝶，非常的美丽。人们若要在珊瑚礁鱼类中选美的话，那么，首推想到的就是体色艳丽、引人遐思的蝴蝶鱼。

蝴蝶鱼俗称热带鱼，大多数分布在热带地区的珊瑚礁。最大的蝴蝶鱼可达30厘米，如细纹蝴蝶鱼。蝴蝶鱼身体侧扁，可以在珊瑚丛中穿梭自如。蝴蝶鱼吻长口小，能轻易伸进珊瑚洞穴捕食小动物。

| 拓展思考 |

1. 蝴蝶鱼的名字是怎么得来的？

2. 蝴蝶鱼栖息在什么地方？

3. 蝴蝶鱼俗称什么？

4. 蝴蝶鱼象征着什么？

形态奇特—— 翻车鱼
Xing Tai Qi Te——Fan Che Yu

◎体态特征

翻车鱼又叫头鱼，它的形状怪异，体短而侧扁。背鳍位置靠后，和臀鳍相对，看上去就像是飞机的一对机翼。因此，翻车鱼看上去更像是在大海中遨游的"飞碟"。它的尾鳍很短，因此整个身体呈卵圆形。

翻车鱼体形笨拙，游泳技术不高。它常年生活在热带海中，身体周围常常附着许多发光动物。它只要一游动，身上的发光动物就开始发亮，从远处看很像一轮明月，因此又有人把它称为"月亮鱼"。翻车鱼这种头重脚轻

※ 翻车鱼

的体型很适宜潜水，它常常潜入深海捕捉食物。

◎生活习性

翻车鱼游泳速度比较快，当天气较好的时候，它会将背鳍露出水面作风帆随水漂流，晒太阳以提高体温；天气变坏时，就会侧扁身子平浮于水面，以背鳍和臀鳍划水并控制方向，还可用背鳍在海中翻筋斗而潜入海底。

◎生长繁殖

翻车鱼性情温和，因而常受到其他鱼类、海兽的袭击。但它不致灭绝的原因是所具有的强大的生殖力，一条雌鱼一次可产3亿个卵，这是其他

海洋动物都不能与之相提并论的。

每当生殖季节来临的时候，雄鱼在海底选择一块理想的场地，用胸鳍和尾巴挖开泥沙，筑成一个凹形的"产床"，引诱雌鱼进入"产床"产卵。雌鱼产下卵之后，便扬长而去。此时，雄鱼赶紧在卵上射精，从此就担负起护卵、育儿的职责，直到幼鱼长大。

◎分类情况

翻车鱼可以分为三种，分别是翻车鲀、矛尾翻车鲀及长翻车鲀。

◎食物特性

翻车鱼都爱吃小鱼、海马、甲壳动物、海蜇、胶质浮游生物和海藻，但它们最喜欢吃的食物还是月形水母。海洋翻车鱼常常在深水中追寻食物。

▶知 识 窗

　　翻车鱼遍布在世界各个大洋，但现存数量并不多。我国沿海有三种翻车鱼，分别是翻车鱼、黄尾翻车鱼、矛尾翻车鱼。同时，翻车鱼也能带来很高的经济价值。

拓展思考

1. 翻车鱼又叫什么？
2. 翻车鱼分布在什么地方？
3. 翻车鱼的主食是什么？
4. 翻车鱼可分为哪几种？

体色变换—— 招潮蟹

Ti Se Bian Huan------Zhao Chao Xie

◎名字的由来

因为每当潮水退落的时候，招潮蟹便会爬出洞穴，在露出水面的海滩上来回奔跑着寻找食物。而每当潮水滚滚上涨，快要淹没它们老巢的时候，就又在洞口高举着那只粗壮有力的大螯，好像在招手示意，欢迎潮水的到来，然后扛起洞盖，当潮水漫到的时候，躲进老巢，盖住洞口。所以，人们称它为招潮蟹。

※ 招潮蟹

◎体型特征

招潮蟹，头胸甲梯形。前宽后窄，额窄，眼眶宽，眼柄细长。雄体的一螯总是比另一螯大得多，大螯特大甚至比身体还大，重量几乎为整个身体的一半，有点像小提琴。小螯极小，用以取食。雌体的二螯均相当小，而对称，指节匙形，均为取食螯。如果雄体失去大螯，则原处长出一个小螯，而原来的小螯则长成大螯，以代替失去的大螯。雄招潮蟹的颜色比雌体鲜明。身体的颜色主要包括珊瑚红、艳绿、金黄、淡绿和淡蓝。

◎分布范围

招潮蟹广泛分布于全球热带、亚热带的潮间带，是暖水性、具群集性的蟹类。

◎生活环境

　　招潮蟹营穴居生活，并常有专一的洞穴，但常每隔几天即会更换。掘穴的深度与地下水位有关，穴深可达 30 厘米，一般洞底需抵达潮湿的泥土处。许多雄蟹还建造一个半圆伞形的盖，盖于洞口。招潮蟹的活动随潮水的涨落而变化着，且有一定的规律性，高潮的时候则停在洞底，退潮后则到海滩上活动、取食、修补洞穴，最后则占领洞穴，准备交配。

◎生长繁殖

　　招潮蟹在交配前，雄性能挥舞大螯做各种炫耀表演，招引雌性。随之雌性则追随雄性进入洞穴进行交配。在夜间，雄性常用大螯有节奏的轻叩地面，以招引雌性。

▶知 识 窗

　　招潮蟹的体色会随着昼夜的交替发生变化。白天它是黑色的，放在显微镜下观察，能够清楚地看到细胞里的色素向四周扩散，犹如撑开的一把大黑伞。到了夜间，色素颗粒会收缩到一块，于是体色变浅，呈青灰色。

||拓展思考||

1. 招潮蟹的名字是怎么得来的？
2. 招潮蟹分布在什么地方？
3. 招潮蟹生活在什么地方？
4. 招潮蟹的体色是怎么变化的？

附着力强—— 藤壶

Fu Zhuo Li Qiang——Teng Hu

◎基本简介

在海边的岩石上，常常看到一簇簇灰白色、有石灰质外壳的小动物，这些小动物是节肢动物大家族中的又一分支，叫藤壶。藤壶的形状与马的牙齿非常的像，所以，海边的居民常把藤壶叫做"马牙"。藤壶具有很强的吸附能力，它不但能附着在礁石上，还能固着在船体上，任凭惊涛骇浪的拍打也无法将其冲掉。

◎分布范围

藤壶在世界上的分布十分广泛，几乎在任何海域的潮间带至潮下带浅水区，都可以发现藤壶的踪迹。藤壶数量多，常密集住在一起。在节肢动

※ 藤壶

物中，长大后的藤壶是唯一能固着的动物。

◎生活习性

藤壶是雌雄同体，行异体受精。由于它们固着不能行动，在生殖期间，必须靠着能伸缩的细管，将精子送入别的藤壶中使卵受精。待卵受精后，经过三、四个月孵化，此时，刚孵化出的小幼苗即脱离母体，但必须过几个星期的漂浮日子，才能附物而居。在它准备附着的时候，会分泌出一种胶质，使自身能牢牢的粘附在硬物上。

◎奇特功能

它为何能如此牢固地附着在岩礁和船体上呢？这是因为藤壶每蜕皮一次，就要分泌一圈黏性的藤壶初生胶，这种胶含有多种生化成分和极强的黏着力。目前，藤壶这种独特的功能已逐渐引起人们的注意。一旦开发成功，它将在水下抢险补漏工作中发挥巨大的作用。

| 知 识 窗 |

藤壶对船只航行和具有极其重要生态意义的红树林生长造成了不利影响。只要藤壶生长的条件合适，它便大量附着于红树植株的各个部位上。藤壶的大量附着除了增加植株地上部分的重量和潮水对植株冲击的受力面积，增大了潮水对红树植物正常生长的干扰外，还通过藤壶在叶片上的附着堵塞叶片上的气孔和减少叶片的光合面积，进而影响植株的正常生长。在藤壶附着特别严重的地方，重重叠叠的藤壶附着使得整个群落中约 1/3 的植株死亡，并有约 1/3 的植株处于濒死状态。人类目前对藤壶胶的清除非常重视。但藤壶胶不溶于水、盐水和稀酸、稀碱，清除相当困难。近年来对溶解藤壶胶的研究取得了一定进展，并发现藤壶胶可以作为一种非常重要的特种粘合剂。

| 拓展思考 |

1. 藤壶的形状是什么样子的？
2. 藤壶分布在什么地方？
3. 藤壶奇特的功能是什么？

分身有术—— 海星

Fen Shen You Shu——Hai Xing

◎体型特征

　　海星通常有5个腕，但其中个别的也有4个或6个的，最多的多达40个腕，在这些腕下侧并排长有四列密密的管足。海星可以用管足来捕食或攀爬，大个的海星有上几千个管足。海星的嘴在它的身体下侧中部，可与它爬过的物体表面直接接触。海星有大有小，小的只有2.5厘米，大的则有90厘米。海星的体色也不尽相同，几乎每只都有差别，最常见的颜色有橘黄色、红色、紫色、黄色和青色等。

◎分布范围

　　海星主要分布于世界各地的浅海底沙地或礁石上，主要以浮游生物为

※ 海星

食物。

◎生活习性

人们一般都会认为鲨鱼是海洋中凶残的食肉动物，而又有谁能想到栖息于海底沙地或礁石上，平时一动不动的海星，却也是食肉动物呢！然而事实的真相就是这样的。由于海星的活动不能像鲨鱼那样灵活、迅猛，所以，它的主要捕食对象是一些行动较迟缓的海洋动物，如贝类、海胆、螃蟹和海葵等。在自然界的食物链中，捕食者与被捕食者之间常常会展开生与死的较量。为了逃脱海星的捕食，被捕食动物几乎都能做出逃避的反应。

◎生长繁殖

海星是生活在大海中的一种棘皮动物，它们具有极强的繁殖能力。全世界大概有1 500种海星，大部分的海星是通过体外受精繁殖的，不需要交配。雄性海星的每个腕上都有一对睾丸，它们将大量精子排到水中，雌性也同样通过长在腕两侧的卵巢排出成千上万的卵子。精子和卵子在水中相遇，完成受精，形成新的生命。从受精的卵子中生出幼体，也就是小海星。

◎海星的眼睛

大多数海星是负趋光性，不喜欢光亮，所以，大部分海星在夜间活动。每个海星没有特别的眼睛，它每一只腕足的末端有一个红色的眼点，这里可能是它光线的重要感觉区。海星虽没有眼睛，但身上有很多化学感受器，可以察觉水中食物来源，很快找到食物。以海星为例，在此系统中，每个辐射腕内有一主要的管道，且皆和位于口区的管道相连。在多数的海星体内，位于身体表面的多孔板子与圆形管道相接，或许可以让水流进入并与其体液相混。从海星自身的每个主要管道延伸出来，短而位于侧面的小管来将水分输入送到管足。每个管足都有一个壶腹，此为一肌肉质的构造。当壶腹收缩，其内的液体被迫进入管足，使其伸长。管足可持续改变其形状，是因水管系统内的液体可借由肌肉的活动持续不断地传入管足中。

◎特异功能

科学家还发现，海星浑身都是"监视器"，它凹凸不平的棘皮上长有许多微小发亮的晶体，这些像眼镜一样的微小晶体具有聚光功能，能使海星在同一时间观察到各个方向的情况，及时掌握周边环境的信息。

经过科学家对海星进行解剖、研究发现，海星棘皮上的每个微小晶体都是一个完美的透镜，它的尺寸远远小于现在人类利用高科技制造出来的透镜。科学家说，海星身上的这种不寻常的视觉系统还是首次被发现。科学家预测，仿制这种微小透镜将使光学技术和印刷技术都获得突破性进展。

▶知 识 窗

海星还有一个特殊的绝招——分身之术。在生死攸关的时刻，海星会硬生生扭断自己的双腕，从而脱离敌人的掌控。但我们不必担心为其担心，因为海星的腕、体盘受损或自切后，都能够自然再生。海星的任何一个部位都能重新生成一个新的海星。这种惊人的再生能力，使得断臂缺肢对海星来说根本就不算什么。

| 拓展思考 |

1. 海星的形状是什么样子的？
2. 海星分布在什么地方？
3. 海星奇特的功能是什么？

全身都是刺—— 海胆
Quan Shen Dou Shi Ci—— Hai Dan

◎基本介绍

海胆是一种无脊椎动物，在遥远的过去，它们有很多种类，仅发现的海胆化石就多达5 000种。海胆有一层精致美丽的硬壳，壳上布满了许多刺样的东西，叫棘，它身上的这些棘是能动的，它的功能是保持壳的清洁、运动及挖掘沙泥等。但是，海胆不能很快地移动自己身体

※ 海胆

的部位。除了棘，海胆还有一些管足从壳上的孔内伸出来。这些管足的功能各不相同，有的用来摄取食物，有的用来感觉外界情况。海胆的壳是由3 000块小骨板形成的。不同种类的海胆大小差别悬殊，小的仅 5 毫米，大的则达 30 厘米。

海胆与海星同类，是棘皮动物家族中的另一成员。

◎形状特征

海胆的形状有球形、半球形、心形或盘形，颜色有绿色、橄榄色、啡色、紫色及黑色。海胆为暖海呈温带海底层种类，生活在海藻丰富的潮间带以下的海区礁林间或石缝中，以及较坚硬的泥沙质浅海地带。

◎生活习性

海胆白天潜伏于泥沙中，晚上出来活动，依靠足和棘在海底爬行觅食，用咀嚼器磨碎食物。

科学研究表明，海胆生长得非常缓慢，但是寿命却很长。科学家利用

放射性碳－14来测定海胆的生长年代，结果远比原先人们以为的 7 年～15 年长得多，达到了 200 年左右。人们在加拿大沿海的温哥华岛与大陆之间水域，发现过最大和最长寿的海胆，这只海胆的直径达到 19 厘米，"年龄"已经超过了 200 岁。

◎食物特征

海胆主要以海藻、海绵、水螅等为主食。

◎药用价值

海胆还具有药用价值。它的药用部位为全壳，壳呈石灰质，药材名就叫"海胆"。海胆不仅是一种上等的海鲜美味，还是一种非常名贵的中药材。

| 知 识 窗 |

海胆会因受到海洋凶猛动物的袭击、各种疾病或落入渔民的渔网而丧生，但很少出现因"年龄"增长给身体带来的危害。放射性碳测定年代表明，老年海胆仍然在以恒定的速度继续生长，并且生长速度几乎与海洋生存条件的变化无关。有证据表明，更年老的海胆能够产生更高质量的精子和卵子，即使是在"古稀"之年仍具有极强的繁殖能力。在日本，人们将海胆的生殖器官视作珍馐佳肴，这使海胆的价格猛涨。

| 拓展思考 |

1. 海胆的形状是什么样子的？
2. 海胆以什么为主食？
3. 海胆是一种什么动物？
4. 海胆的药用价值是什么？

美丽之花—— 海百合

Mei Li Zhi Hua——Hai Bai He

◎基本简介

"海百合"是一种生活在幽深海底的，形态如同百合花一样美丽的动物。

海百合柔软的肉体，由无数细小的骨板连接包裹起来，既能灵活自如的运动，又能保持它亭亭玉立的姿态。

◎体态特征

海百合的"茎"长约0.5米，五棱形状，分许多个节，节上长出卷枝。它的头顶上有朵淡红色的"花"——那根本不是花，是只捕虫的网子。

海百合的嘴，长在花心底部。嘴巴周围有条"腕"，每条从基部分成两大枝，每枝再分出两枝。这样一来，它便像长了20只手似的。每条腕枝上，还分生出羽毛般的细枝来，那如同网子的横线，可用来挡住入网的虫子，不让它们漏网逃走。海百合大小腕枝内侧，有一条深沟，名叫"步带沟"。沟内长着两列柔软灵活、指头一样的小东西，那叫"触指"。海百合迎着海水流动的方向撒开，如同一朵盛开的鲜花。一批随水闯入的小鱼虾，糊里糊涂地被它步带沟里的触指抓住、弄死，然后像扔上传送带的肉，由小沟送进大沟，再由大沟送入嘴里。当它吃饱喝足时，腕枝轻轻收拢下垂，宛如一朵行将凋谢的花——那正是海百合在睡觉的状态。

◎生活范围

海百合常年扎根在海底，不能行走。它们常常遭到鱼群的蹂躏，一些被咬断茎秆，一些被吃掉花儿，造成了非常悲惨的结局。在弱肉强食、竞争险恶的大海中，曾有一批批被咬断茎秆，仅留下花儿的海百合，大难不死得以存活下来。因为它们终归不是植物，茎秆在它们的生活中，并不是那么至关重要。这种没柄的海百合，五彩缤纷，悠悠荡荡，四处漂流，被人称做"海中仙女"。另外，生物学家给这种没柄的海百合另起了一个美名——"羽星"。羽星体含毒素，许多鱼儿都不敢靠近它。可仍有一些不怕毒素的鱼，对它们毫不留情，狠下毒手。为了生存，它们只好大白天钻进石缝里躲藏起来；入夜才偷偷摸摸成群出洞，翩翩起舞。它们捕食的方法，还是老样子——腕枝迎向水流，平展开来，像一张蜘蛛的捕虫网，守株待兔，专等送食上门。

◎生活习性

由于羽星可以自由行动，身体又能随着环境的变化而改变自身的颜色，所以，它们便成了海百合家族中的旺族，现存的种类有 480 多种。它们喜欢以珊瑚礁为家，因为那里海水温暖，生物种类繁多，求食也非常的容易。而那种有柄的海百合，适应能力差，不能有效地保护自己，数量也就日渐稀少，现存的仅有 70 多种。令人想不到的是，羽星常年在海底会把鱼儿吃得一条不剩，使鱼儿最终永远从大海里消失！

◎种类分布

海百合是棘皮动物中最最古老的一个种类，全世界现有 620 多种，常分为有柄海百合和无柄海百合两大类。有柄海百合以长长的柄固定在深海底，那里没有风浪，不需要坚固的固着物。柄上有一个花托，这个花托包含了它所有的内部器官。海百合的口和肛门是朝上开的，这和其他棘皮动物有所不同。它那细细的腕从花托中伸出，腕由枝节构成，且能活动，侧面还有更小的枝节，好像羽毛一样。每条腕都有体条带沟，有分枝通到两侧的小枝上，沟的两侧是触手状管足，并有黏液分泌。腕像风车一样迎着水流，以捕捉海水中的小动物为食。无柄海百合没有长长的柄，而是长有几条小根或腕，口和消化管也位于花托状结构的中央，既可以浮动又可以固定在海底。浮动时腕收紧，停下来时就用腕固定在海藻或者海底的礁石上。海百合是典型的滤食者，捕食时将腕高高举起，浮游生物或其他悬浮有机物质被管足捕捉后送入步带沟，然后被包上黏液送入口。在古代，海百合的种类非常的多，有 5 000 多种化石，所以在地质学上有重要意义。有的石灰岩地层全部由海百合化石构成。

拓展思考

1. 简述海百合的体态特征。
2. 海百合栖息在什么地方？
3. 海百合的种类有哪些？

海

第四章

洋中神奇的植物

海 带
Hai Dai

◎基本介绍

海带是一种浑身是宝的藻类。海带主要指的是生长在海底岩石上的褐藻。海带的叶片又长又厚，在海底随水流漂动，仿佛是舞动的绿褐色绸带，海带的名称就是这样得来的。海带是海里的藻类植物，生长在海底，素有"海底森林"之美称。海带的颜色是深棕色，其中也含有叶绿素，但因含有的褐色素太浓，所以把绿色遮住了。海带也依靠叶绿素进行光合作用。

海带是一种保健食品，它是碘的仓库。碘是人体内不可缺少的元素，它直接关系到人的智力和人口的素质。

◎生长环境

海带一般生活在浅海里。海带附带有假根，但并不能用来吸取养料，是用来固着在岩石上，因而假根又称为固着器。海带既没有茎也没有枝，全身就像一条长长的叶子。

可是，海带是不会开花结果的。那么，海带是怎么繁殖的呢？海带属于孢子植物，它的繁殖方法相对比较奇特，先在叶子上长出许多口袋一样的孢子囊，里面有许多孢子，等待孢子成熟时孢子囊破裂，里头的孢子就出来了，用两根鞭毛在海洋里游泳。在它们落在海底的岩石上之后，在适宜的条件下就会发芽长成一条海带。

现在，人们已经能够利用人工养殖的方法来大规模地养殖海带以满足人们对海带的需求。海带除了食用以外，还可以用来提取褐藻胶和甘露醇等工业原料。

◎海带的种类

海带在全世界分布的种类有 30 多种，亚洲地区就有 10 多种。海带大多分布在温度较低、风浪较小的沿海和海湾，用固着器附着在浅海海底礁石、贝壳上，大量繁殖时形成一片水下森林。

◎海带藻体的组成

海带藻体由三部分组成，分别是：下部是一些假根状的附着器；中部是圆柱形的短柄；上部是长而扁平的叶状体。海带一般长 3 米左右，有时长达 7 米，宽 20～50 厘米，边缘较薄，呈波状皱褶，表面光滑，绿褐色或棕褐色。

※ 海带

◎分布范围

中国辽宁、山东、江苏、浙江、福建及广东省北部沿海均有养殖，野生海带在低潮线下 2～3 米深度岩石上均有。

▶知识窗

　　海带是海洋植物中产量高、生长快、个体大、经济价值高的食用及工业用的海藻。海带是含碘量最高的海藻，含碘量一般在 3‰～5‰，最多可达 7‰～10‰。海带里的碘，人体能直接吸收。碘是人体必需的微量元素，缺少碘会得粗脖子病——甲状腺肿大。缺碘的山区，多食用海带，能防止和治疗这种病。
　　海带还是一种优良的蔬菜，营养价值很高。

拓展思考

1. 海带生长在什么地方？
2. 海带有多少种类？
3. 海带藻体由什么组成？
4. 海带的营养价值是什么？

海底椰
Hai Di Ye

青少年应该知道的海洋百科知识

◎生长环境

　　海底椰是海洋生物的一种，是海底的一种植物，生活在渤海以南的广阔海域，属于贝类，基本由蛋白、核酸和胶原组成，肉质腥臭，坚硬。

◎体型特征

　　海底椰树高 20 米到 30 米；树叶呈扇形，宽 2 米，长可达 7 米，最大的叶子面积可达 27 平方米，像大象的两只大耳。

◎功能作用

　　雪白光滑，能起到止咳润肺和养颜美容的作用。

　　1. 海底椰煲土鸡

　　海底椰原产非洲，以清燥热、止咳功效显著而闻名，且具有滋阴补肾、润肺养颜、强壮身体机能的作用。土鸡肉营养丰富，既补气又补血。合而为汤，营养全面，是进补佳品。

　　材料：

　　海底椰干片 20 克、土鸡半只约 300 克、枸杞 10 克、姜 2 片、葱 2 棵。

　　做法：首先，将海底椰用温水泡上，枸杞洗净。土鸡斩成小块，焯水，洗去血污，沥干水。葱切大段。然后将所有材料放入瓦煲中，注入清水、加几滴绍酒，大火烧开后转小火煲 2 小时，取掉葱，下盐调味，续煲半小时即可。最后，如果是用紫砂锅，高火 3 小时或自动 4 小时。

　　2. 海星海底椰红萝卜煲瘦肉汤——止咳嗽

　　材料：干海星 1 只，海底椰约 50 克，姜 5～6 片，杞子、红萝卜、瘦肉 500 克。

　　做法：海星冲洗干净，海底椰洗净，瘦肉切块后焯水，把所有材料放入煲中加水，大火烧开，转小火煲 1 个小时，加盐调味即可。此款汤水可平喘止咳，对慢性咽喉炎引起的咳嗽等有一定疗效。

知识链接

·两种海底椰的区别·

1. 外观有明显分别：非洲海底椰，未切片前呈一对椭圆形椰子状，切片带有直纹。泰国海底椰，未切片前，果实呈一颗大栗子状。

2. 功效相差很大：非洲海底椰具有止咳、清肺的作用。泰国海底椰含有丰富的糖和人体所需的氨基酸，对人体有保健作用。

3. 价格相距甚远：在香港，非洲海底椰卖近千元 500 克，而市场上的干、湿泰国海底椰，一般是十至几十元 500 克。由于非洲海底椰是现代珍稀药材，货源极少，价格不断上长，市面上时有赝品充斥，假货约卖港币 200 元 500 克，购买者需谨慎辨别。

拓展思考

1. 简单描述一下海底椰。

2. 海底椰在什么地方生长？

3. 海底椰的作用是什么？

红藻

Hong Zao

◎体型特征

红藻是绝大多部分为多细胞体、极少数为单细胞体的藻类。藻体为紫红、玫瑰红、暗红等颜色。红藻绝大部分生长于海洋中，分布范围广，而且种类多，红藻比其他任何植物生存

红藻的世界

的深度都深，红藻的颜色来自称为藻红素的色素，其红色遮掩了叶绿素的颜色。

◎生长习性

红藻生长在涨潮线以下的岩石上或较深的水中，有些物种可以在250米深的海里生长。红藻多附着生活，不产生游动细胞。

◎种类

据统计红藻的种类有3 700余种，其中不少红藻有着非常重要的经济价值。

红藻生殖产生孢子和异形配子，都不具有鞭毛；雌性生殖器称果胞，上面有一个延长部分——受精丝，精子不能游动，随着水流至果胞，与受精丝接触受精；除部分品种外，还有世代交替现象。

◎分布范围

红藻绝大部分海生，分布在热带和亚热带海岸附近，常附着于其他植物。叶状体有丝状、分枝状、羽状或片状。细胞间以纤细的原生质丝相

连。除叶绿素外，尚含藻红素和藻蓝素，故常呈红色或蓝色。红藻的生殖细胞不能运动。雌性器官称果孢，由单核区和受精丝构成。不动精子在精子囊中单生。

◎功能作用

食用红藻煮熟后仍保持其色泽及胶体性质。工业上，角叉菜属红藻作为明胶的代用品用于布丁、牙膏、冰淇淋及保藏食品中。珊瑚藻属的某些种在形成珊瑚礁与珊瑚岛的过程中起重要作用。江蓠属和石花菜属红藻制备的琼脂是细菌和真菌培养基的重要成分。

> ▶ 知识窗 ·······
>
> 绿藻中含有叶绿素等光合色素，红藻中有藻红蛋白和类胡萝卜素等光合色素。
>
> 通过学生所学的物理学知识，知道光子能量 $E＝h\upsilon$，光速 $c＝\lambda\upsilon$，则：$\upsilon＝c/\lambda$，从而 $E＝(hc)/\lambda$，即波长越短，光子的能量越高。由此可知，水层对光波中的红、橙部分吸收显著多于对蓝、绿部分的吸收，即水深层的光线相对富含短波长的光。
>
> 所以吸收红光和蓝紫光较多的绿藻分布于海水的浅层；含藻红蛋白和类胡萝卜素，吸收由蓝紫光和绿色光较多的红藻分布于海水深的地方。这是植物在演化过程中，对于深水中光谱成分发生变化的一种生理适应。

拓展思考

1. 简单描述一下红藻。
2. 红藻分布在什么地方？
3. 红藻的功能作用是什么？

青少年应该知道的海洋百科知识

绿 藻
Lǜ Zao

◎体型特征

绿藻的体型是多种多样的，有单细胞、群体、丝状体或叶状体等。它们的繁殖方式也是多样的，其中的无性生殖和有性生殖都很普遍，有些种类的生殖一贯有世代交替现象。

※ 绿藻的世界

◎细胞的种类

绿藻细胞，大约有6 000种。光合色素的比例与种子植物和其他高等植物相似。典型的绿藻细胞可以活动也可以不活动。绿细胞具有一个中央液泡，色素在质体中，质体形状因种类而异。细胞壁由两层纤维素和果胶质组成。食物以淀粉的形式储存于质体内的蛋白核中。

绿藻植物的细胞与高等植物相似，也有细胞核和叶绿体，有相似的色素、储藏养分及细胞壁的成分。色素中以叶绿素 A 和叶绿素 B 最多，还有叶黄素和胡萝卜素，故呈绿色。储藏的营养物质主要为淀粉和油类。叶绿体内有一至数个淀粉核。细胞壁的成分主要是纤维素，游动细胞有 2 条或 4 条等长的顶生的尾鞭型的鞭毛。

◎组成部分

几乎所有的绿藻都有叶绿体，它们含有使得它们带有亮绿色颜色的叶绿素 A 和叶绿素 B，以及成堆的类囊体。

所有的绿藻都具有有线粒体。若有鞭毛的话，一般都是由微管的十字状系统来支撑着，但在较高级的植物和轮藻门中并没有鞭毛。鞭毛是用来移动生物体的。绿藻通常会有包含纤维素的细胞壁，进行无中心粒的开放有丝分裂。

◎功能特性

绿藻又被称为浓缩的营养素仓库。绿藻提供了大量的蛋白质、氨基酸、纤维、酵素、胡萝卜素、维他命 C、E、K 和全部维他命 B 群。绿藻所含的矿物质包括钙、铁、磷、钾、镁及微量的锰、碘及锌。绿藻是迄今为止丰富的叶绿素的主要来源，是自然界中最强效的排毒功臣，对人体排除毒素具有很高的价值。

▶知 识 窗

绿藻素是单性细胞水藻，其历史可追溯至超过 20 亿年前。它的体积犹如人体的红血球。这些微小的水藻是被一名研究池塘水藻的荷兰微生物学家马丁努·贝泽尼克在 1890 年所发现。他一直对池塘为何会变深绿色甚感兴趣，进而使他发现富含叶绿素的绿藻。从此以后，绿藻就成为世界上最备受研究的藻类。洛克菲勒基金会、卡耐基机构及太空署都曾作过相关的研究。多年以来，日本人已视绿藻为他们主要的健康食品，并从中获享驻颜的益处。日本人在发展绿藻的培殖、收割技术及在商业化规模的提炼方面扮演着先锋角色。

||拓展思考||

1. 简单描述一下绿藻的体型。
2. 绿藻细胞的种类有多少？
3. 绿藻的功能作用是什么？

海 草
Hai Cao

◎生长习性

　　海草是海洋世界中许多动物的食物。有些海洋动物是食草的，另外还有一些是靠吃食草动物来维持自身生命的。因此，可以说，海草的存在养活了海水中大部分的动物。

　　海草不同于海中的藻类，但海藻的外形和名称常被误当作是生长在海中的藻类。它是一种单子叶植物，生活在热带和温带海域沿海浅水中。海草类在某些沿

※ 海草

岸海域组成广大的海草场，由于这一带腐殖质多，浮游生物也增多，因此是幼虾稚鱼的最佳繁殖场所。海草中的大叶藻和虾形藻等干草都可以用来保温和隔音，经济价值非常的高。

◎体型特征

　　有的海草个体特别小，要用显微镜放大几十倍、几百倍才能看到。它们由单细胞或一串细胞构成，长着许多不同颜色的枝叶，靠枝叶在水中漂浮。然而，单细胞海草的生长和繁殖速度却十分的惊人，在短短一天的时间里就能增加许多倍。因此，尽管它们不断地被各种食草动物吞食，但数量依然占据首位。

◎分布范围

　　海草生活在热带和温带的海岸附近的浅海中，被认为是在演化过程中再次下海的植物。常在潮下带海水中形成草场。

并不是所有海草的体形都特别的小，也有的长几十米甚至几百米，它们柔软的身体紧贴海底，随着波浪的波动而前后摇摆，通常不会被折断。

◎生长环境

海草同陆上的植物一样，生长是离不开阳光的。海洋绿色植物在它的生命过程中，不断吸取海水中的养料，在太阳光的照射下，通过光合作用，海草合成有机物质，从而满足海洋植物生长的需求。由于阳光只能透入海水表层，这就使得海草只能生活在浅海或大洋表层，大的海草也只能生活在海边及水深几十米的地方，否则根本无法生存。

▶ 知 识 窗

　　海草根系发达，有利于抵御风浪对近岸底质的侵蚀，对海洋底栖生物具有保护作用。同时，通过光合作用，它能吸收二氧化碳，释放氧气溶于水体，对溶解氧起到补充作用，改善渔业环境。海草常在沿海潮下带形成广大的海草场，海草场是高生产力区。它能为鱼、虾、蟹等海洋生物提供良好的栖息地和隐蔽保护场所，海草床中生活着丰富的浮游生物，个别种类海草还是濒危保护动物所需的食物。海草场保护生物群落的作用不可忽视。

| 拓展思考 |

1. 简单描述一下海草的体型。
2. 海草是不是藻类植物？
3. 海草的功能作用是什么？
4. 海草生长在什么地方？

红 树

Hong Shu

◎生长习性

红树生长在海岸边，在海岸边很难再看到其他植物的生长，唯有红树林抗风防浪，形成一道独特的绿色屏障。

红树是生长在热带及亚热带海岸上的一种特有木本植物，包括常绿乔木和灌木。为了防止海浪的冲击，红树植物的主干一般不会无限的增长，而从主干上长出很多的支持根，深扎泥滩，以使植株保持相对的稳定性。

◎体型特点

红树并非就是红色的，只是因为从木材及树皮内可提炼一种红色染料，才将这类植物叫作红树。红树高低参差不齐，最高的可达 5 米。它们具有革质的绿叶，油光闪亮，就像荷花一样，出淤泥而不染。涨潮的时候，红树被海水淹没，有时仅露出绿色的树冠。潮水退去，则成一片生机

※ 红树

蓬勃的森林。

◎分布范围

在西半球，红树林主要生长在南美洲东西海岸及西印度群岛、非洲西海岸。在东半球，红树林最主要的分布区在印尼的苏门答腊和马来半岛西海岸。沿孟加拉湾——印度——斯里兰卡——阿拉伯半岛至非洲东部沿海，这些地带都分布着红树林。澳大利亚沿岸红树林的分布也较广。印尼——菲律宾——中印半岛至我国台湾、广东、海南、福建沿海也都有分布。由于黑潮暖流的影响，红树林海岸一直延伸到日本。由此不难看出，红树林在世界上的分布范围是极为广泛的。

◎特点

红树有别于其他植物的一点是：它具有高渗透压的特点。由于渗透压高，红树能从沼泽性盐渍土中吸取水分及养料，这是红树植物能在潮滩盐土中扎根生长的重要条件。红树的根系十分发达，分为三部分，即支柱根、板状根和呼吸根。一棵红树的支柱根可以达到 30 余条。这些支柱根像支撑物体最稳定的三脚架结构一样，从各个方向支撑着主干，使红树能够经得起风浪的吹打。红树林对保护海岸稳定起着重要的作用。例如，1960 年，美国佛罗里达发生特大风暴，沿岸上千棵红树遭到毁坏，但是连根拔掉的却很少，主要的毁坏是刮断或因旋风作用把树皮剥开。红树林可抵抗风浪的冲击，像卫士一样忠诚地守护着海岸。

红树植物有着它独特的繁殖现象——胎生。红树植物的种子成熟后在母红树上萌发，呈绿色木棒状。当幼苗成熟之后，由于重力作用，这些木棒自动落地，坠入泥土之中。这种"胎生"现象在植物界并不多见。更令人惊奇的是，幼苗落入泥中后，数小时内就可长成新的植株。有时从母树落下的幼苗平卧于土上，也能长出根，扎入土中。如果幼苗落入水中，它们会随海流漂泊，一旦遇到适合生长的土壤，就立即扎根生长。红树植物还具有无性繁殖即萌蘖能力。它们被砍伐后，基茎上很快又会萌发出新芽分枝。红树革质的叶子具有反光的作用，红树叶的气孔下陷，有绒毛，在高温下能减少蒸发，具有耐旱的特征。它的叶片上的排盐腺可排除海水中的盐分。

◎栖息场所

红树林是鸟类栖息和繁殖的场所。红树林生长的滩涂为鸟类提供了大量的食物鱼，同时，红树林的害虫也是鸟类的美味佳肴。这一条件吸引了大量鸟类栖息。每当傍晚时分，在岸边用望远镜可以看到百鸟归林的景象，真是独特而壮观。

▶知识窗

　　红树林是热带、亚热带海岸潮间特有的抬木本植物群落，是一类生长于潮间带的乔落木的通称。潮间带是指高潮位和低潮位之间的地带。红树林的种类繁多，但从世界范围来讲，它分为西方群系和东方群系两大类。因受地理纬度的影响，热量和雨量由低纬度向高纬度减少，红树林种属的多样性从复杂逐渐过渡到比较单纯，植枝的高度由高变低，从生长茂盛的乔木逐渐过渡到相对矮小的灌木丛。

　　红树林随潮涨而隐，潮退而现，是我国重点保护的珍稀植物。

▌拓展思考▐

1. 简单描述一下红树的体型特征。
2. 红树在生长方面有什么特点？
3. 红树独特的繁殖特点是什么？

青少年应该知道的海洋百科知识

硅藻

Gui Zao

◎分布范围

硅藻是一类最重要的浮游生物，分布范围极其的广泛。在世界大洋中，只要有水的地方，一般都有硅藻的踪迹，尤其是在温带和热带海区。硅藻是一类具有色素体的单细胞植物，常由几个或很多细胞个体连结成各式各样的群体。硅藻的形态也是多种多样的。

◎硅藻色素

硅藻靠光合作用将海水中的无机物合成自身需要的有机物。硅藻的色素主要包括叶绿素 A、C_1、C_2 以及胡萝卜素。它们能吸收太阳光的能量，将细胞中的水分解，使水分子上的一个氢原子分离出来，一部分是有利的氢原子和二氧化碳化合经过复杂的化学变化后就产生了糖和淀粉，这就是光合作用。这些物质再和细胞吸收的氮、磷、硫等物质进一步作用，氧就形成了蛋白质和脂肪等物质。游离出的部分氢原子每两个和一个氧原子结合形成了水，氧分子中的另一个氧原子就从细胞里跑出来溶解到水里或者跑到大气里去了。地球上有 70% 的氧气是浮游植物释放出来的，浮游生物每年制造的氧气就有 360 亿吨，占地球大气氧含量的 70% 以上。由于硅藻数量又占浮游生物数量的 60% 以上，这样可以推算，假设现在地球上没有任何的硅藻了，不用超过三年，地球上的氧气就耗干了。动物和我们人类也就都无法呼吸了。

◎意义特性

硅藻是鱼、贝、虾类特别是其幼体的主要饵料，它与其他植物一起，都构成了海洋的初级生产力。硅藻还是形成海底生物性沉积物的重要组成部分。经过漫长的年代，那些在海底沉积下来的以硅藻为主要成分的沉积层，逐渐形成了经济价值极高的硅藻土。硅藻土不但含有丰富的营养物质，而且还能完好地保存动植物的遗体，对古生物学研究领域提供了重要的材料。

当硅藻死后，它们坚固多孔的外壳——细胞壁也不会被分解，而会沉于水底，经过亿万年的积累和地质变迁成为硅藻土。硅藻土可被开采，在工业上用途范围比较广泛，可制造工业用的过滤剂、隔热及隔音材料等等。我国山东山旺地区就出产了大量的硅藻土，游泳池的主人将老化的硅藻壳拿来过滤水里的污染物质。诺贝尔奖的创始人发现，将不稳定的硝化甘油放入硅藻所产生的硅土后可以变得稳定，成为可携带的炸药。

◎细胞壁的组成

硅藻的细胞壁由大量的硅质组成，由上、下两部分组成，上面的盖叫上壳，下面的底叫下壳，上壳套住下壳，并且上下壳面上纹饰图案非常精美，如同透明的水晶箱，或者好比一间精致的玻璃小屋。从16世纪显微镜下发现的这些颇具魅力的小生物后，科学家们耗费了许多的笔工来描绘这些美丽的玻璃壳。

▶知 识 窗

　　硅藻是一类种类繁多的低等植物，约11 000种。在海洋中硅藻的种类最多，所需要的淡水和潮湿的土壤也不少。据估测每一立方厘米土壤中有羽纹藻约1亿个。硅藻种间个体差异大，小者3.5微米，大者300～600微米。硅藻的身体虽然只有一个细胞，可这一个细胞却非常有趣。它既不像动物细胞那样没有细胞壁，也不与植物细胞的细胞壁相同。

| 拓展思考 |

1. 简单描述一下硅藻。
2. 硅藻的繁殖特征是什么？
3. 硅藻细胞壁由什么组成？
4. 硅藻分布在什么地方？

青少年应该知道的海洋百科知识

海

第五章

洋神秘的面纱

海洋潮汐的形成

Hai Yang Chao Xi De Xing Cheng

◎基本描述

"月有阴晴圆缺，人有悲欢离合"，海洋则有涨潮落潮。海洋中的海水每天都按时涨落起伏变化着。在古时候，人们把白天的涨落称为"潮"，夜间的涨落叫作"汐"，合在一块儿就叫"潮汐"。潮汐是海洋中最为常见的一种自然现象。潮汐现象使海面有规律的起伏，就像人们呼吸一样，所以，潮汐又被称为是大海的呼吸。当海

※ 海洋潮汐

水涨潮时，只见那潮流像骏马一般，从大海的远处奔腾而来，转眼间水满湾畔，惊涛拍岸，发出雷鸣般的轰鸣，飞沫四溅，一股海星味儿扑鼻而来。而在海水退潮时，也别有一番景致。只见海水渐次回落，转瞬间，被海水覆盖的金黄色沙滩、奇形怪状的礁石，就会呈现在人们眼前。当然了，眼前的景象是无与伦比的。

◎潮汐形成原理

潮水为什么会自己不停的回旋，是什么力量促使海水发生如此规律性的升降和涨落呢？这一现象引起了古人的思考，但是终究没有研究出是什么原因造成的。后来，细心的人们发现，潮汐每天都要推迟一会儿，而这一时间和月亮每天推迟的时间是一样的，因此，就想到潮汐和月球之间有着必然的联系。

根据万有引力定律可知，世界上任何两个物体都是相互吸引的。引力的大小与两物体的质量乘积成正比，与它们之间的距离的平方成反比。两个物体的质量越大，彼此的引力就越大；两个物体间距离越远，则引力越小。众所周知，地球一年绕太阳公转一圈是一年，月亮一年绕太阳公转一圈是一月。

在地球上，各个地方都会有引潮力，会随着地球、月亮之间的距离远近而变化，加上地球每天不停地自转着，随时都在变化着。从而，各个地方在不同时间，会发生大小各不相同的潮汐现象。

◎世界名潮

我国的钱塘潮被公认为"世界第一大涌潮",也称钱江潮、海宁潮,这座潮头高达 8 米左右,潮头推进速度每秒达近 10 米。钱塘潮的历史已经非常悠久了,它始于唐,盛于宋,以其潮高、多变、凶猛、惊险而享誉海内外,钱塘潮一日 2 次,昼夜间隔 12 小时,一年有 120 多个观潮佳日。故海宁有"天天可观潮,月月有大潮"一说。

钱塘潮为什么如此凶猛、惊险呢? 喇叭形的河口是主要原因之一。杭州湾外的江面宽度约 100 千米,离岸越远的地方越窄,到距湾口 90 千米的钱塘江口的海盐澉浦时,宽度只有 20 千米,而杭州市区的河宽仅有约 1 000 米右。当大量潮水涌入狭窄的河道时,水面就会迅速地壅高。然而,又因为此处的河底堆积着大量泥沙形成沙坎,进入湾口的潮波当遇到沙坎的时候,水深减小,阻力增大,前坡变陡,后坡相应变缓。当前坡陡到一定程度后,前锋水面明显涌起,像一道高速推进的直立水墙,实为天下奇观也。

不过,世界上有许多江河的河口,都具有外大内窄和外深内浅的特点,为什么不如钱塘江大潮那样汹涌呢? 原来高潮的出现与河水流动的速度有着密切的联系,当潮水涌来时,它与河水流动的方向恰好相反。在每年的中秋节前后的时候,钱塘江河口的河水流速与潮水流速几乎相等,当力量相等的河水与潮水发生碰撞时,就会激起巨大的潮头。另外,在浙北沿海一带,夏秋之交经常有东南风或东风,风向与潮水方向是基本一致的,从而也会助长它的气势。总之,钱塘潮的形成是受天文和地理多方面因素的影响。

钱塘潮魅力非凡,白天有波澜壮阔的气势,晚上有温柔和缓的姿势。看潮是一种乐趣,听潮则是一种遐想。难怪有人说"钱塘郭里看潮人,直到白头看不足。"

▶ 知识窗

在世界许多河口处都会发生涌潮现象,如巴西的亚马逊河、北美的科罗拉多河、法国的塞纳尔河、英国的塞汶河等,但钱塘江涌潮的强度和壮观现象,除亚马逊河外,其他河流均无法与之相媲美。亚马逊河的涌潮强度与钱塘江虽然有得一比,但钱塘江河口江道摆动频繁,涌潮潮景形态多样。因此钱塘潮可说是首屈一指,无可比拟。

| 拓展思考 |

1. 用自己的话概括一下海洋潮汐。
2. 潮汐是怎么形成的?
3. 著名的海洋潮汐有哪些?

波浪的洗礼

Bo Lang De Xi Li

◎美丽的海上波浪

海洋上的波浪，其壮丽的造型美不胜收。它时而隆起，时而翻滚，时而拍打着海岸……可谓是海上的一大奇景。

※ 美丽的画面

◎海浪的类型

海浪根据其所带来的后果，大概可分为两种类型，分别是破坏性和建设性。

破坏性海浪：这种类型的海浪通常与高能量的环境和陡斜的海岸带有关。岩石嶙峋的海岸线通常会因暴露于巨浪及高潮之内而遭受侵蚀。

在沙滩上，破坏性海浪通常会带来严重的后果，它会使沙滩退减。因为回流比冲流要有力得多，会将更多的物质带回海中。

建设性海浪：建设性海浪即是"崩顶"或"激散"碎波。与破坏性海浪相反的是，它会建成海滩，因为冲流在运送物质时比回流更有效。此种类型波浪的形成与平坦的海岸带和低能的海岸有着密切的关系。

◎海岸地形

很值得一提的是，海岸地形不仅受地貌营力左右，还受地质情况的影响。如岩石类别及地质构造，地质构造加上岩石不同的抗风化及侵蚀能力，令海岸出现不规则的形态，例如岬角、港湾、海蚀柱及海蚀拱，它们的特征是较为明显的。

◎波浪的基本要素

波浪的基本要素有波峰、波谷、波顶、波底、波高、波长、波陡、周期、波速等。通常情况用它们来表示波浪的大小和形状。下面简单介绍一下波浪要素的各个特征：

波峰：指静水面以上的波浪部分。

波谷：指静水面以下的波浪部分。

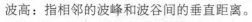

※ 美丽的波浪

波顶：指波峰的最高处。

波底：指波谷的最低处。

波高：指相邻的波峰和波谷间的垂直距离。

波长：指两个相邻波顶间的水平距离。

波陡：指波高与半个波长之比。

波浪周期：指两个相邻的波峰或波谷经过同一点所需要的时间。

波速：指在单位周期时间内波浪传播的距离，表示波浪移动的速变，等于波长与波浪周期之比值。

▶ 知识链接 ···········

· 波浪是如何形成的呢？ ·

在自然界，海水受风的作用和气压变化等影响，促使它难以维持原有的平衡状态，而发生向上、向下、向前和向后方向运动，便形成了海上的波浪。波浪起伏活动具有规律性、周期性。当波浪向岸边涌进时，由于海水越来越浅，下层水的上下运动受到了阻碍，受物体惯性的作用，海水的波浪一浪叠一浪，越涌越多，一浪高过一浪。与此同时，随着水深的变浅，下层水的运动受到的阻力越来越大，最后它的运动速度慢于上层的运动速度，受惯性的影响，波浪最高处向前倾倒，拍打在礁石或海岸上，便会溅起碎玉般的浪花。

拓展思考

1. 海浪是怎么形成的？

2. 海浪有哪几种类型？

3. 波浪的基本要素是什么？

猖狂的海啸

Chang Kuang De Hai Xiao

◎海啸概况

海啸是海浪的一种特殊的形式，它是由火山、地震和风暴引起的。不要认为海啸不会造成多么大的影响，虽然它在大洋中是不会妨碍船只的正常航行，但在靠近海岸的地方却是能量集中的地方，威力巨大。

在这个美丽的蓝色星球上，大海的力量是一切自然力量中最令人捉摸不透的力量。在古希腊神话中

※ 猖狂的海啸

海神波赛东主宰着海洋，他总是手握一把叉子，乘风破浪而来，狂风暴雨，山崩海啸，破坏力极强。从古至今，来去神秘而又致命的海啸一次又一次袭击人类，排山倒海般的海水淹没城市，吞噬着无数的生命。究竟是什么原因致使海啸这般如此猖狂的？

◎海啸的类型

根据科学研究，海啸可分为两种类型，一种是"下降型"海啸，一种是"隆起型"海啸。

"下降型"海啸：某些断层地震引起了海底地壳大幅度急剧的下降，海水会以最快的速度向突然错动下陷的空间涌去，并在其上方出现海水大规模的积聚现象，当涌进的海水在海底遭遇阻力之后，就会翻回海面产生压缩波，形成长波大浪，并向四周传播与扩散，这种下降型的海底地壳运动所产生的海啸在海岸首先表现为异常的退潮现象。也就是说，如果退潮现象出现异常，很有可能就是海啸的一种预警信号。1960 年 5 月，智利中南部的海底发生强烈的地震，其所引发的巨大海啸就属于"下降型"海啸。

"隆起型"海啸：某些断层地震引起海底地壳大幅度急剧上升，海水也会随着隆起的部分一起向上空升起，并在隆起区域上方积聚大量海水，在重力的作用下，海水必须保持一个等势面以达到相对平衡，于是海水从波源区向四周扩散，形成汹涌巨浪。这种隆起型的海底地壳运动形成的海啸，在海岸最为突出的表现就是异常的涨潮现象。1983 年 5 月 26 日，日本海发生 7.7 级地震，其所引起的海啸就是"隆起型"海啸。

◎世界海啸的历史

据相关资料表明，海洋发生的大地震造成海啸的大约占 1/4。历史上，许多国家都曾遭受过海啸的侵袭。

公元前 16 世纪，在希腊的基克拉泽斯群岛的最南端，桑托林岛火山发生了一次极为猛烈的火山喷发，火山喷发后只有桑托林岛和一些小岛孤独地矗立在爱琴海的中央。据后

※ 奔腾的海面

来的研究表明，此次由火山喷发引起的海啸巨浪高出海平面 90 多米，并波及到 300 千米外的尼罗河。

1498 年 9 月 20 日，日本东海道出现最大波高 20 米的地震海啸，在伊势湾冲毁上千座建筑，死亡人数达五千多人。在伊豆，海浪侵入内陆达 2 000 米。

1896 年，日本三陆地区发生了海啸，虽然这次海啸没有发生直接的地震灾害，却致使 2.7 万人丧失生命。日本关东发生的大地震引发的海啸也是十分惊人的，造成 8 000 余艘船只沉没，5 万多人淹死，并使沿岸大小港口处于瘫痪的状态。

1946 年 4 月 1 日，夏威夷发生大海啸。45 分钟过后，滔天巨浪首先向阿留申群岛中的尤尼马克岛伸出了阴暗的"魔爪"，彻底摧毁了一座架在 12 米高岩石上的水泥灯塔和一座架在 32 米高的平台上的无线电差转塔。事情过后，海啸以极快的速度向南扫去，摧毁了整个夏威夷岛上的 488 栋建筑物，导致了 159 人遇难。

1755 年 11 月 1 日，葡萄牙首都里斯本附近海域发生强烈地震后的时候，海岸水位逐渐退落，最终露出整个海湾底。此时，人们禁不住好奇心的诱惑，纷纷到海湾底"探险"。然而令人想不到的是，没过几分钟之后，波峰到来，滔天巨浪冲上海岸，吞噬了几万条生命，整个城市被淹没了。西班牙濒临大西洋的海港加的斯也遭到了 10 米巨浪的袭击。此次海啸还席卷了周边多个国家的群岛。

1783 年 2 月 5 日，地中海一个名叫墨西拿的海峡发生大地震，海啸和洪水随之而来，使墨西拿城陷于灭顶之灾。同年的 4 月 8 日，该地再次遭遇地震，经过两个月的折磨，直接死于地震和海啸的达 3 万余人。

1908 年 12 月 28 日，墨西拿海峡又一次发生 7.5 级地震，同时引发海啸，当地 8.5 万人失去生命。

1883 年 8 月 26 日和 27 日，印度尼西亚喀拉喀托发生火山喷发，将 20 立方千米的岩浆喷到苏门答腊和爪哇之间的巽他海峡。当火山喷发到最高潮时，岩浆喷口倒塌，引发了一次巨大的海啸。爪哇梅拉克的海浪高达 40 余米，苏门答腊的直落勿洞巨浪也高达 36 米，造成了 3.6 万人死亡。

1960 年 5 月，智利的地震海啸导致数万人死亡和失踪，沿岸的码头全部无法正常使用，200 万人流离失所。这次灾难不仅波及利智，还使美国、日本、俄罗斯、中国、菲律宾等许多国家与地区，都在一定程度上受到了影响。

……

海啸是无情的，相信人间自有真情在！

知识窗

海啸与一般的海浪不同，它通常是由海底地震、火山爆发和水下滑坡等引起的。与风驱动的海浪相比，地震海啸的周期、波长和传播速度都要大上几十倍或上百倍。所以，海啸的传播特点以及它对海岸的影响均与风驱动产生的海浪有着很大的区别。一般的海浪，其波长为几米到几十米，波长周期约为几秒，传播速度也很慢。即使传播速度快，但在深水中海浪并不会带来什么危险。海啸是静悄悄地不知不觉地通过海洋，然而如果出其不意地发生在浅水中，就会带来很大的灾难，给人类的生命和财产造成不可挽回的损失。

拓展思考

1. 海啸是怎么形成的？
2. 海啸有哪几种类型？
3. 举例说明发生海啸的近代史。

台风带来的灾害

Tai Feng Dai Lai De Zai Hai

◎基本简介

　　一般产生在热带洋面上的一种强烈的热带气旋叫做台风或飓风，只是因为发生的地点不同，叫法也就不同了。在北太平洋的西部、国际日期变更线以西，包括南中国海范围内发生的热带气旋称为台风；然而在大西洋或北太平洋东部的热带气旋则称飓风，可以直接说成在美国一带称飓风，在菲律宾、中国、日本一带称之为台风。

　　台风发生的时候常伴随着大风和暴雨天气。风向呈逆时针方向旋转。等压线和等温线近似为一组同心圆。中心气压最低但是气温是最高的。

※ 台风

◎发生台风应该具备的条件是什么

从台风结构可以看到，台风是如此巨大的庞然大物，其产生必须具备以下特有的条件：

1. 具备广阔的高温和高湿的大气。海面的水温决定了热带洋面上的底层大气的温度和湿度，台风只能形成于海温高于26摄氏度到27摄氏度的暖洋面上，而且在60米深度内的海水水温通常都要高于26摄氏度和27摄氏度；

2. 要有低层大气向中心辐合和高层向外扩散的初始扰动，而且高层的辐射程度必须超过低层辐合，才能维持足够的上升气流，低层扰动才能不断加强；

3. 垂直方向风速不能相差太大，上下层空气相对运动很小，才能使初始扰动中水气凝结所释放的潜热能集中保存在台风眼区的空气柱中，形成并加强台风暖中心结构；

4. 要有足够大的地转偏向力作用，地球自转作用有利于气旋性涡旋的生成。地转偏向力在赤道附近接近于零摄氏度，向南北两极不断地增大，台风发生在大约离赤道5个纬度以上的洋面上。

这就是发生台风必须具备的条件。

◎台风的级别

台风的分级：

1. 超强台风：底层中心附近最大平均风速≥51.0米/秒，也即16级或以上。

2. 强台风：底层中心附近最大平均风速41.5～50.9米/秒，也即14～15级。

3. 台风：底层中心附近最大平均风速32.7～41.4米/秒，也即12～13级。

4. 强热带风暴：底层中心附近最大平均风速24.5～32.6米/秒，也即风力10～11级。

5. 热带风暴：底层中心附近最大平均风速17.2～24.4米/秒，也即风力8～9级。

6. 热带低压：底层中心附近最大平均风速10.8～17.1米/秒，也即风力为6～7级。

◎台风移动的路径

以北太平洋西部地区台风的移动路径为事例，其基本的移动路径大体有三条：

西进型：台风自菲律宾以东一直向西移动，经过南海，最后在中国海南岛或越南北部地区登陆，这种西进型的路线多发生在 10 月份到 11 月份之间；

登陆型：台风向西北方向移动，穿过台湾海峡，在中国广东、福建和浙江沿海登陆，并逐渐减弱为低气压。像这种类型的台风对中国的影响最大。近年来对江苏影响最大的"9015"和"9711"号两次台风，都属此类型，7～8 月基本都是此类路径；

抛物线型：台风先向西北方向移动，当接近中国东部沿海地区时，不登陆而转向东北，向日本附近转去，路径呈抛物线的形状，这种路径多发生在 5～6 月和 9～11 月。

台风的移动路径多种多样，大致可以分为以上三种。

◎ "让事实说话"

日本气象厅东京区域专业气象中心主要负责台风的实际命名使用的工作。当日本气象厅将西北太平洋上或南海上的热带气旋确定为热带风暴强度时，即根据列表给予相应的名称，并同时给予一个四位数字的编号。编号由两部分组成，编号中前两位为年份，后两位为热带风暴在该年生成的顺序。例如，0704，就是表明：2007 年第 4 号热带风暴。

根据规定，一个热带气旋在其整个生命过程中无论加强或减弱，始终保持其名字的不变。如 0704 号热带风暴、强热带风暴和台风，其英文名均为"Man－Yi"，中文名为"万宜"。为避免一名多译造成的不必要的混乱，中国中央气象台和香港天文台、中国澳门地球物理暨气象台经过协商，已确定了一套统一的中文译名。

一般情况下，事先制定的命名表按顺序年复一年地循环重复使用，但是遇到特殊情况的时候，命名表也会做一些调整，如果当某个台风造成了特别重大的灾害或人员伤亡而声名狼藉，成为公众知名的台风后，为了防止它与其他的台风同名，台风委员会成员可申请将其使用的名称从命名表中删去，也就是将这个名称永远命名给这次热带气旋，其他热带气旋不再使用这一名称。当某个台风的名称被从命名表中删除后，台风委员会将根据相关成员的提议，对热带气旋名称进行统一的增补。

每一件事都有它的利与弊两方面的因素。台风的利弊：台风除了给登陆地区带来暴风雨等严重灾害外，还具有一定的好处。

根据相关统计，包括我国在内的东南亚各国和美国，台风降雨量约占这些地区总降雨量的1/4以上。因此，如果没有台风，这些国家的农业困境不堪想象；此外台风对于调剂地球热量、维持热平衡更是功不可没的。众所周知，热带地区由于接收到的太阳辐射的热量最多，因此气候也最为炎热，而寒带地区正好相反。由于台风的活动，热带地区的热量被驱散到高纬度地区，从而使寒带地区的热量得到有效的补偿。如果没有台风，就会造成热带地区气候越来越炎热，而寒带地区越来越寒冷，那么地球上温带也就不复存在了，地球上的众多植物和动物也会因难以适应而出现灭绝的现象，那将是一种非常可怕的情景。

◎关于台风的防治措施

关于台风的防治措施：加强台风的监测和预报，是减轻台风灾害的重要的措施。对台风的探测的确定主要是利用气象卫星。在卫星云图上，能够清晰地看见台风的存在和大小。利用气象卫星资料，可以确定台风中心的位置，估计台风强度，监测台风移动方向和速度，以及狂风暴雨出现的地区等，对防止和减轻台风灾害起着关键性的作用。当台风临近海面的时候，还可以用雷达监测台风动向。还有气象台的预报员，根据所得到的各种资料，分析台风的动向、登陆的地点和时间，及时发布关于台风的预报，台风紧报或紧急警报，通过电视，广播等媒介向公众公布台风的近况，同时为各级政府提供决策依据，因此，发布台风预报或紧报是减轻台风灾害的重要措施。

◎台风的结构和能量

台风的结构和能量：台风在低层主要是流向低压的流入气流。由于角动量平衡的时候，在内区可产生非常强的风速，在高层是反气旋的流出气流。上下层环流之间通过强上升运动联系在一起，这是台风环流的主要特征。台风中最暖的温度是由下沉运动造成的，它正出现在眼壁边缘以内，这里有最强的下沉运动。在台风低层最大风速半径处，其辐合最强，最大风速半径的大小随高度变化而变得非常的小，台风低层位于眼壁之中。另外，台风结构的不对称性也是这几年来人们重点关注的特点。分析表明，无论是在台风内区和外区都有非常明显的不对称性，这种不对称性对于台风发展和动量及动能的输送等有重要的影响。内外不对称的台风是大气中很强的动能源。因而，在能量上台风对大气环流的变化和维持应有重要的影响的问题已经引起了人们的注意。在能量问题上近几年来有人还指出，角动量的水平涡旋输送在台风外区很重要；另外，在外区动量的产生和输送也很重要，它们在台风能量收支中不应加以忽略，这些都与台风的不对称性有直接的关系。

▶知识窗

　　台风的路径：台风移动的方向和速度取决于作用于台风的动力。台风的动力分内力和外力两种。内力是台风范围内因南北纬度的不同差距所造成的地转偏向力差异引起的向北和向西的合力，台风范围愈大，便会引起其风速愈强，造成的内力愈大；外力是台风外围环境流场对台风涡旋的作用力，即北半球副热带高压南侧的基本气流东风带的引导力。内力主要在台风初生成时而起的作用，外力则是操纵台风移动的主导作用力量，因而台风基本上是自东向西移动的。由于副高的形状、位置、强度变化以及其他因素的影响，致台风移动路径并非是规律性的，而是变得多种多样。

▌拓展思考▐

1. 什么是台风？
2. 发生台风应具备的条件是什么？
3. 遇到台风应采取什么措施？
4. 台风的级别可以分为几级？

海洋中的食物链

Hai Yang Zhong De Shi Wu Lian

◎海洋生物

　　海洋生物的种类和数量非常巨大，迄今为止，人们还无法用确切的数字说明海洋中有多少种生物，而且海洋生物之间的关系也是极其复杂的。

◎海洋中的生命"金字塔"

　　在生态学上，生物链指的是由动物、植物和微生物之间以食物营养关系而形成的相互依存的链条关系。关于生物链的例子常常出现在我们的身边，而且使人类颇为受益。比如，植物长出的叶子和果实为昆虫提供了食物，昆虫成为鸟的主要食物源，有了小鸟，才会有鹰和蛇，有了鹰和蛇，鼠类才不至于泛滥成灾。

※ 美丽的海洋世界

　　在自然界中，当动物的粪便和尸体回归土壤后，土壤中的微生物会把它们分解成简单的化合物，再回收到庄稼地里为植物提供养分，促使其成长。就这样，生物链为自然界物质建立一个健康的良性循环过程。

　　此外，我们还可以把生物链理解为自然界中的食物链或营养链，它形成了大自然中"一物降一物"的现象，就这样，维系着各不同物种间天然的数量平衡。

　　在海洋生物群落中，食物链的结构仿佛是一个金字塔，底座很大，每上一级就会缩小一点：第一级是由数量庞大的海洋浮游植物构成的，是食物链金字塔的"塔基"，也就是食物链的最基础的部分，通过光合作用生成出碳水化合物和氧气，是维持海洋生物生命的物质基础；第二级是海洋浮游动物，它们把海洋浮游植物作为食物；第三级是以浮游动物为食的动物群；第四级是较高级的食肉性鱼类；第五级则是大型食肉性鱼类和海兽，它们都处在金字塔的最顶端。

◎海洋食物链的特点

1. 一般海洋生态系统食物链较长，尤其是大洋区食物链，经常达到 4 级～5 级。而陆生食物链通常仅有 2 级～3 级，很少会达到 4 级～5 级。

2. 海洋食物链的部分环节是可逆的和多分支的，加上碎屑食物链、植食食物链和腐食食物链之间相互交错着，网络状的营养关系比陆地的多样性更为复杂。因此，在海洋中用食物网来表达海洋生物之间的营养关系是再合适不过了。

3. 食物链所表示的是有机物质和能量从一种生物传递到另一种生物中的转移与流动方向，并不用体现出每一营养层所需的有机物和能量的数量。

4. 食物链每上升到一个高的层次，有机物质和能量就会出现较大的缺失，食物链的层次越多，总体效率越低。因此，从初级生产者浮游植物、底栖植物或碎屑算起，处于食物链层次越高的动物，其数量相对来说也越少。相反，在食物链中的层次越低，其个体数量相对越多。贮存在生产者体内的能量沿着食物链传递时会大量消耗，能流越来越细，营养级之间的能量转移效率平均只有 10% 到 15% 之间，从而就构成了生物量和能量金字塔。

▶知 识 窗

　　海洋食物链的类型主要有以下两种：一种是放牧食物链。这种类型的食物链是从绿色植物开始，例如浮游植物类等，转换到放牧的食草动物中，并以食活的植物为生，最后以食肉生物为终点。其实，这一过程就是人们常说的"大鱼吃小鱼，小鱼吃虾米，虾米吃泥土"。第二种类型是腐败或腐质食物链。这一食物链的转移方式是：从死亡的有机物开始，得到微生物，并以摄食腐质的生物为生的捕食者为最终点。实际上，在海洋中这种类型的食物链之间是相互连接的。有时也不是刻意按某种方式进行，而是有交叉，有连接，多种方式混合同时进行。

████ 拓展思考 ████

1. 海洋的"金字塔"是什么？

2. 海洋食物链有哪几种类型？

3. 海洋食物链的特点是什么？

海洋中的统治者

Hai Yang Zhong De Tong Zhi Zhe

◎种类繁多的哺乳动物

在茂密的海藻丛中，时不时会传来一种古怪的海洋歌声，这些啸叫声和啾啾、唧唧声都是海洋中的脊椎动物发出来的。为了呼吸和哺育幼仔，这些海洋脊椎动物经常会出现在海面上，这就是外表酷似鱼类的海洋哺乳动物。

在所有哺乳动物当中，海洋哺乳动物是适应海洋环境的特殊类群，人们通常把它们称作"海兽"。今天生活在海洋中的海兽的祖先是陆生哺乳动物，它们经过了数亿万年的演化，逐渐驻入了海洋之中，由于各种海兽下水的时间长短不一，因此对水的依赖程度也不尽相同。在我国，目前一共有 39 种海兽的存在。

1. 兽中之王——蓝鲸

蓝鲸是海洋中珍稀动物之一，也是人类已知的世界上最大的哺乳动物。蓝鲸的全身体表呈淡蓝色或鼠灰色，背部有淡淡的细碎斑纹，胸部有白色的斑点，褶沟在 20 条以上，腹部也布满了褶皱，长达脐部，并带有赭石色的黄斑。雌兽在生殖孔两侧有乳沟，身体的内部有细长的乳头。与身体相比，蓝鲸的头部相对较小，呈扁平的形状，有 2 个喷气孔，位于头的顶上，吻宽，口大，嘴里没有牙齿，上颌宽，向上凸起呈弧形，生有黑色的须板，每侧多达 300 枚～400 枚，长 90～110 厘米，宽 50～60 厘米。它的耳膜内每年都会积存很多蜡，人们可以根据蓝鲸身上蜡的厚度来判断其年龄。蓝鲸的上颌部有一块白色的胼胝，曾经长有毛发，后来经过演化，毛发都退掉了，就留下一块疣状的赘生物。由于这块胼胝在每个个体上的形状各不相同，就像是穿着不同的服装一样，很容易辨别出不同的个体。蓝鲸的背鳍特别短小，其长度不及体长的 1.5%，鳍肢也不算太长，约为 4 米左右，具有 4 趾，其后缘没有波浪状的缺口，尾巴宽阔而平扁。蓝鲸的整个身体呈流线型，看上去好似一把剃刀。后来，人们又把它称作"剃刀鲸"。

1904年，人们在大西洋的福克兰群岛附近捕捉到了一条最大的蓝鲸。这条蓝鲸长33.5米，体重达到195吨，相当于三十几头大象的重量。它的舌头重约3吨，它的心脏重700千克，肺重1 500千克，血液总重量约为8～9吨，肠子有200多米长。躯体如此巨大的蓝鲸，只能生活在浩瀚的海洋中，其他地方只怕是容纳不下它。

2. 潜水冠军——抹香鲸

抹香鲸身体的最大特征就是头重尾轻，整个看上去宛如一条巨大的蝌蚪，头部占去全身的1//3，看上去像个大箱子。它鼻孔也非常的特别，只有左鼻孔畅通，且位于左前上方。所以，抹香鲸呼吸时喷出的雾柱是以45度角向左前方喷出的。抹香鲸的牙齿足有20多厘米长，每侧有40～50枚，但是它只有下颌长牙，而上颌只是被下颌牙齿"刺出"的一个个的洞。抹香鲸的本领很强大，猎物一旦被它咬住想脱身就难了。深海大王乌贼是它最喜欢的食物，常因追猎巨乌贼时"屏气潜水"长达1.5小时，可潜到2 200米的深海。因此，抹香鲸练就了一身相当了得的潜水工夫，故称它为哺乳动物潜水冠军。

抹香鲸有着非常高的经济价值，巨大的"头箱"中盛有一种特殊的鲸蜡油。鲸蜡油是一种作用很大的润滑油，许多精密仪器，如手表、天文钟甚至火箭，几乎都离不开它。一头大抹香鲸的头部，可以装一吨鲸蜡油。著名的龙涎香是抹香鲸肠内的一种分泌物，它是一种足以和麝香媲美的名贵香料，抹香鲸的名字就是由此而得来的。

3. 海上霸王——虎鲸

虎鲸是齿鲸类的一种。虎鲸的身体长为8～10米，体重约9吨。身体的背部呈黑色，腹部为灰白色，有一个尖尖的背鳍，背鳍弯曲长达1米，嘴巴细长，牙齿尖锐。

虎鲸体侧有一块向背后方向突出的马鞍形灰白色斑，使它风格独具一格。虎鲸的身体非常的强壮，行动敏捷，游泳迅速，每小时可达55千米。游泳时，雄鲸高达1.8米的背鳍突出于水面上，与古时候的一种武器"戟"倒竖于海面的形状颇为相似，所以虎鲸又叫"逆戟鲸"。

虎鲸的身体强壮而有力，同时残暴贪食，是企鹅、海豹等动物的天敌。有时，人们还会在海上屡屡目睹虎鲸袭击海豚、海狮以及大型鲸类的惊心动魄的情景，可以说，虎鲸是辽阔海洋里的霸王。

▶ 知识窗

　　哺乳动物、爬行动物、海鸟并列为海洋的统治者。它们各有各的本领，也是其他海洋动物所望尘莫及的。

| 拓展思考 |

1. 海洋的统治者是什么？
2. 简单对抹香鲸做一下描述。
3. 简单对蓝鲸做一下描述。
4. 简单是对虎鲸做一下描述。

青少年应该知道的海洋百科知识

绚丽多彩的海洋植物

Xuan Li Duo Cai De Hai Yang Zhi Wu

◎藻类植物

　　海洋植物以美丽的藻类居多。海洋藻类是从原始的光合细菌发展而来的，都是简单的光合营养的有机体，藻类植物的形态构造、生活样式和演化过程都十分复杂。藻类植物介于光合细菌和高等植物——维管束植物之间，在生物的起源和进化上有着非常重要的意义。

※ 美丽的海洋植物

　　浮游藻自身是无法自由运动的，只能随波逐流漂浮或悬浮在水中作极微弱的浮动。它们有适应漂浮生活的各种体形，从而增大浮力。例如：有的浮游藻细胞长出一圈刺毛；有的长有长长的刺或突起物，这些附属物能使浮游藻增加与水的接触面，使身体产生很大的稳定性，从而自由地浮游在有光的表层水中；有的结伴来扩大表面积便于漂浮；此外，浮游藻的个体是非常微小的，这也是适应漂浮生活的一种形式。

　　藻类是一种自养型植物，含有叶绿素和其他辅助色素，以单细胞或简单的多细胞群体形式生活，如衣藻、小球藻、栅藻等等。藻类没有根茎叶的分化，整个植物就是一个简单的叶状体。藻体的各个部分都能够制造有机物，故藻类也称为叶状体植物。海洋植物的主体是海藻，是大自然对人类的恩赐，目前可食用的海洋藻类有 100 多种。根据海藻的生活习性，可将海藻分为两大类，即浮游藻和底栖藻。

◎藻类植物生活环境

　　栖息在海洋底的藻类，人们将它称为底栖藻。退潮时它们能适应暂时的干旱和寒冷的环境，只要海水一涨潮，它们便重新开始正常生长发育。底栖藻大部分是多细胞海藻，人们是无法用肉眼观察到的。藻类植物中体形较小的种类有几厘米长，如丝藻；最长的可达 200～300 米，如巨藻。底栖藻的形状也十分奇特：有的像带子，如海带；有的像绳子，如绳藻；有的是片状，如石莼、紫菜；有的呈树枝状，如马尾藻。它们各自的用途与价值是不相同的。

◎海藻的分类

总的来说，底栖藻的颜色鲜艳迷人，有各种各样的颜色，主要有绿色、褐色和红色。科学家们根据色素的颜色，把海藻分为三大类：绿藻类、褐藻类和红藻类。其中，褐藻类只能生长在海水中，绿藻类和红藻类对海水和淡水都能适应。

◎种子植物

海洋种子植物属于海洋中的高等植物，它们能够像陆地高等植物一样进行光合作用，从而繁衍后代。海洋种子植物的种类不多，都属于被子植物，没有裸子植物。

◎种子植物的分类

一般分为两大类：一类是通称的海草，另一类就是红树植物。种子植物和栖居在海洋中的多种生物组成沿岸生物群落。

▶知识窗

美丽多姿的海底世界，不仅生活着种类繁多的动物，还生长着各类茂盛的海洋植物。这些形形色色的植物，简单来说，可分为两大类，一类是低等的藻类植物，一类高等的种子植物。它们共同幻化出最绚丽美妙的"海底花园"。

藻类植物的形状：浮游藻的形状各有特色，几乎每个都不一样，有纺锤形、扇形、星形、椭圆形、卵形、圆柱形、树枝状等。不过，浮游藻身体直径一般只有千分之几毫米，只有在显微镜下才能看得到。

┤拓展思考├

1. 藻类植物的形状是什么？
2. 藻类植物在什么地方生长？
3. 海藻可分为哪几种颜色？
4. 常见的种子植物有什么？

珍稀的海洋微生物资源

Zhen Xi De Hai Yang Wei Sheng Wu Zi Yuan

◎海洋微生物的分类

海洋微生物主要包括三大类，即细菌、真菌和病毒。海洋微生物在自然界分布广，而且种类多。凭借其代谢途径的多样性和遗传适应性，它们能够在许多极端环境中得以生存，并发挥重要的生态作用，它的这一特点不得不令人类对它们刮目相看。下面对海洋微生物中的几种作介绍。

※ 海洋微生物

1. 海洋细菌

海洋细菌是原核微生物的一大类群，其中不含叶绿素和藻蓝素，只能在海洋中生长和繁殖生活，是数量最大和分布最广的海洋微生物。海洋细菌的个体直径一般不超过 1 微米，形状有球状、杆状、螺旋状和分枝丝状，具有坚韧略具弹性的细胞壁，无真核。海洋中有自养和异养、光能和化能、好氧和厌氧、寄生和腐生，以及浮游和附着等类型的细菌。海洋真菌的种类不超过 500 种，仅有陆地真菌种数的 1/100。现知的深海真菌只有 5 种，它们能够生活在水深5 315米的海底深处。

2. 海洋真菌

从生物的进化史上来看，海洋真菌的出现要比细菌大约晚 10 亿年，因此，它是微生物王国中最年轻的家族。真菌由多细胞丝结构，能产生孢子进行有性和无性繁殖。真菌和细菌、放线菌最根本的区别在于它拥有真正的细胞核，因此真菌的细胞又称为真核细胞。从原核细胞发展到真核细胞，是生物进化史上的一个重大成果。

海洋真菌在海洋食物链中发挥着重要的作用，它参与海洋有机物质的分解和无机营养物的再生过程，为海洋生物提供了生命所需的物质。特别是在海洋沉积物中的真菌丝体和酵母菌体，是很多海洋动物的食物的重要来源。有些海洋真菌能产生抗菌素和结构独特的活性物质，在生态和应用方面有着不可忽视的作用，如降解海洋中的污染物和促进海洋自净等；利用海洋真菌加工麦皮、甘蔗渣和稻草等，可制成微生物碎屑混合物，用作水产养殖中的饲料。这种做法有可持续发展、质量高和成本低廉等优点。

4. 病毒

海洋病毒是海洋生态系统中的重要成员，具有形态多样性及遗传多样性的特征。海水中海洋病毒离海岸越近密度就越高。在海洋真光层中较多，随海水深度增加逐渐减少，在靠近海底时又有回升的现象。

海洋中病毒会感染多种海洋生物。海洋噬菌体的裂解致死占异样细菌死亡率的60%；海洋蓝细菌、海洋真核藻等重要海洋初级生产者也会受到海洋病毒感染。海洋病毒还能裂解某些种类浮游动物。病毒的感染致病，给水产养殖业带来了严重的影响。经过科学研究得出，从1993年开始在全国虾养殖地区普遍发生的和危害性极大的机型流行病，是由一种杆状病毒所引起的。除了其中破坏性的一面，海洋病毒也有好的一面，有些海洋病毒能够帮助某些海洋浮游植物生长，对海洋环境和人类的生存发展是有益的。目前，人们已越来越关注海洋病毒在海洋生态系统中所发挥的作用。

◎海洋微生物的特性

海洋微生物为了生存，它必须具备一些独特的特性：

1. 嗜盐性

嗜盐性是所有海洋微生物几乎都具备的特点。真正的海洋微生物要想生长，就离不开海水。海水中含有丰富的无机盐类和微量元素。钠是海洋微生物生长与代谢所必需的。此外，钾、镁、钙、磷、硫或其他微量元素也是某些海洋微生物维持生命必不可少的。

2. 嗜冷性

海洋中大多数领域的温度都在5℃以下，绝大多数海洋微生物都在低温中生长，如果温度超过37℃，就会停止生长或死亡。生活在低温环境下且最高生长温度不超过20℃，最适宜温度在15℃，在0℃可生长繁殖的微生物，就称为嗜冷微生物。嗜冷菌在极地、深海或高纬度的海域中较常见。其细胞膜构造具有适应低温的特点。那种严格依赖低温才能生存的嗜冷菌对热反应极为敏感，即使处于中温也会阻碍其动物的生长与代谢。

3. 嗜压性

深海微生物的嗜压性是其他微生物所不具备的。浅海的微生物通常只能忍耐较低的压力，而深海的嗜压细菌则具有在高压环境下生长的能力，能在高压环境中保持其酶系统的稳定性。海洋中静水压力因水深而有所不同，水深每增加10米，静水压力递增1个标准大气压。海洋底部的静水压力可超过1 000大气压。在深海水域中，约一半以上的海洋环境处在100到1 100大气压的压力之中。海洋的这种压力使浅海和陆源细菌失去在深海中生长的机会。

4. 低营养性

海水中所含的营养物质是非常稀少的，有一大部分的海洋细菌要求在营养贫乏的培养基上生长。在营养较丰富的培养基上，有些细菌于第一次形成菌落后即迅速死亡，有些则根本无法形成菌落。这类海洋细菌在形成菌落过程中因其自身代谢产物积聚过多而中毒致死。根据这种现象说明用常规的平板法来分离海洋微生物，并不是一种较理想的方法。

5. 趋化性

虽然海水中的营养物质非常的稀少，但在海洋环境中各种固体表面或不同性质的界面上仍有一些丰富的营养物吸附积聚在上面。绝大部分中的海洋细菌都有一定的运动能力，其中某些细菌还能够沿着某种化合物浓度梯度进行移动，这种特点就称为趋化性。某些靠依附在海洋植物体表生长的细菌称为植物附生细菌。海洋微生物附着在海洋中生物和非生物固体的表面，形成薄薄的一层膜，为其他生物的附着提供条件，进一步形成稳定的附着生物区系。

6. 多形性

通过显微镜仔细的观察细菌，有时候可能会发现，在同一株细菌纯培养中会出现多种形态，如球形、椭圆形、杆状或各种不规则形态的细胞。这种多形现象在海洋革兰氏阴性杆菌中的表现尤为普遍。

7. 发光性

在海洋细菌中，具有发光特征的动物种类并不多。海洋发光细菌发光强度的大小，除了自身特性外，在很大程度上取决于各种外界条件的综合作用，例如海洋环境要素、水中污染状况等。细菌发光现象对理化因子反应十分的敏感。因此，利用发光细菌来检验水域污染状况，通常会收到不错的效果。

◎海洋微生物奇观

1. 呼雨唤雪的细菌

分布在空气中的水蒸气要形成雨，必须有能使水蒸气分子凝聚的核。过去人们一直认为，地面上升的尘埃和离子，就是这个凝聚核。美国气象学家在一次研究后宣称，降雨很可能与细菌有直接的关系，人们认为是大量的细菌导致了降雨。那么，天空中为何会有大量的细菌呢？经过研究，专家声称，海洋是细菌生长的主要场所，它们多漂浮在海面，海浪里充满着无数气泡，到达海面后气泡破裂，气泡中的细菌便随着气流上升到空中，其移动速度每小时可达 100 千米。当细菌到达充满水蒸气的大气层时，就会形成水滴的凝聚核，导致雨水下降。十分有趣的是，当气象家把分离的 23 种微生物送入充满蒸馏水气雾的密室做人工降雨实验时，却突然发现有 3 种细菌能充当晶核，使水汽变成雪花。现在，美国科学家已成功地掌握利用细菌造雪的方法，并将其运用到实际的生活当中。

2. 磁性细菌

1975 年，美国一位科学家在美国东北部沿海考察时，发现海底沉积物中有一种很奇怪的细菌。把这个细菌放在容器中当做样品，仿佛受到某种支配一样，总是聚集在容器的北边，当他转动容器时，这些细菌又会跟着向北移。这位科学家很快联想到，也许是地球的磁场对细菌产生的影响。为了证实这一观点，他拿出一块磁铁在容器上方移动，结果发现细菌会随着磁力的方向"游来游去"。

3. 发电细菌

现在，利用生物化学能取代化学反应获得电能的做法，已经无人会怀疑，因为国外已出现许多研制细菌电池的报告，其中主要包括海洋细菌。

青少年应该知道的海洋百科知识

这种自身具有发电功能的细菌，是美国一位学者在死海和大盐湖中发现的，这是一种嗜盐杆菌，它的细胞内有一层被称为视紫红质的紫红蛋白质构成的薄膜，这层薄膜是一种天然的能量转换器。在把所接受的大约10％的阳光转化成化学物质时，都能产生负荷的现象。

▶ 知识链接

·海洋微生物的命名规则·

　　海洋微生物是所有以海洋水体为正常栖居环境的微生物的总称。海洋环境中蕴藏着丰富的微生物资源。很久以前人们就知道海洋中有细菌存在，海洋生物学家对海洋微生物进行了深入系统的研究，尤其是对其代谢作用的研究，进一步揭示了微生物王国的奥秘，让人们对它产生了更多的了解。

拓展思考

1. 海洋微生物名字的由来？
2. 海洋微生物分为哪几类？
3. 海洋微生物有什么特性？
4. 为什么说海洋是一个巨型的资源宝库？
5. 海洋微生物奇观包括什么？

最初的海洋

Zui Chu De Hai Yang

◎基本概述

从表面上来看，原始海洋的面积远没有现代海洋这么大。根据相关的科学统计，它的水量只有现代海洋的10％左右的容量。后来，由于储藏在地球内部的结构水的加入，原始海洋才逐渐壮大，形成了蔚为壮观的现代海洋。原始海洋中的水不像现代海水一样又苦又咸，是可以供人类所使用的。现代海洋海水中的无机盐，主要是通过自然界周而复始的水循环，由陆地带入海洋而逐年增加的。可是，原始海洋中的有机大分子非常丰富，是现代海洋所无所能及的。

◎生命来自海洋

人类生存是离不开海洋的。关于生命的起源，有多种不同版本的说法，最具代表性的有"团聚体说""类蛋白微球体说"和"来自星际空间说"等，每种假说都各不相同，但都有一个共同之处，那就是都与水有直接的关系。

自古以来，生命的起源一直是生命学家所研讨的重要课题。现代科学的研究普遍认为生命起源于海洋，主要原因有两方面：第一，水是生命体的重要组成部分和进行生命活动的基础物质；第二，海洋为生命的诞生和繁殖提供了天然的庇护场所，丰富的海水能有效地遮挡紫外线，避免了生命所要遭受的损伤。

人类的生命是在39亿年前诞生的，其概念只是单细胞生物，和现代细菌有着相似的结构。人类的生命经过了1亿年的漫长演变，逐渐进化成为最原始的藻类——单细胞藻类，这就是最原始的生命。这些原始藻类不断地繁殖，进行大量的光合作用，吸收二氧化碳，释放氧气，为后来生命的演化进程提供了有利条件。

就这样，原始的单细胞藻类又经过亿万年的进化，变成原始的海洋动物，如水母、海绵、蛤类、珊瑚、三叶虫和鹦鹉螺等等，而脊椎动物的出现相对来说较晚，大约是在4亿年前。

◎陆地上的生物

陆地上是怎样出现生物的呢？由于月球对地球产生巨大的引力作用，

海洋出现潮汐现象。当海水涨潮的时候水位就会上升，海水不断地拍击和冲刷着海岸，就会将一些生物冲到岸上；然而在退潮的时候，大片的浅滩又暴露在阳光下。这样在海陆交界处就形成了一条潮间带。与此同时，臭氧层就逐渐形成了，这样就阻挡了紫外线对陆地的直射，为海洋生物的登陆创造了有利的条件，原先生活在海洋中的某些生物，经历潮涨潮落的不断磨练后，一些生物就慢慢适应了陆地的生活。当然，也会有一些原始的生命在这个过程死去，而经过无数严酷考验最后留在陆地上的生命，就会不断为适应新环境而进化。约在 2 亿年前，爬行类、两栖类、鸟类相继出现，地球上生命的种类开始多样化。

◎陆地上的哺乳动物

地球上所有哺乳动物都是在陆地上诞生的。后来由于自然条件的变化等原因，它们中的一部分又重新回归到海洋中，如鲸和豚。还有一部分在经过自然界的众多剧变后，仍然顽强地存活在陆地上，并逐渐发展壮大。直到 300 万年前，作为高级的生命体人类便诞生了。因此，研究生命起源的学者把海洋称作人类生命的摇篮。

▶ 知 识 窗

海洋是怎样形成的？海水是从哪里来的？近两个世纪以来，人类有关海洋起源与演化问题的研究已取得很大进展。下面，我们就一起进入原始海洋世界中，感受海洋的神秘与美丽。

广阔的海洋美丽而又壮观，但你是否知道，地球最初形成的时候，并没有河流和海洋，大气层里的水分也很少，即使有一些，也随着其他气体分子蒸发了。地球上后来的水是与原始大气一起由地球内部产生的。在早期，地壳刚固结不久，地球内部全是"岩浆海洋"，火山喷发此起彼伏，带出了大量的水汽直冲九霄，聚集成无比巨厚的云层。随着地球逐渐变冷，当水蒸气超过其饱和点时，就开始凝结成水滴、冰晶。从而就引发了"排山倒海"的狂风暴雨，一"下"就是几百年、几千年。雨水不停地流向低洼处，年复一年，日复一日，原始海洋就这样诞生了。此时的大洋水不仅严重缺氧，而且含有大量的火山喷发出的酸性物质，如 HCL、HF、CO_2 等，具有较强的溶解能力。根据科学家对化石的研究，大约在 39 亿年前就形成了原始海洋。

┃ 拓展思考 ┃

1. 对海洋做一个基本的概述。
2. 海洋是怎样形成的？
3. 海洋上的哺乳动物有哪些？

青少年应该知道的海洋百科知识

不可思议的蓝色星球

Bu Ke Si Yi De Lan Se Xing Qiu

◎蓝色星球的自白

传统的太阳系有九大行星，地球所具有的优势是"得天独厚"。地球的大小和质量、地球与太阳的距离、地球绕太阳运行的轨道以及自转周期等因素相互的作用和配合，使得地球表面大部分地区的平均温度保持在15摄氏度，这一温度刚好合适，以致它的表面同时存在着三种状态的水，而且地球上的水大多数是以液态海水的形式汇聚于海洋之中，形成一个全球规模的含盐水体——海洋。在太阳系中，地球是唯一拥有海洋的星球，"水的行星"的名称就是这样得来的。

◎海色和水色

猛然一看，海色和水色这两个词是同样的意思，然而它们是两个完全不同的概念。

海色是人们所看到的大面积的海面颜色。关于大海，人们一般认为海色会因天气状况的变化而变化。当风和日丽、晴空万里时，海面会呈现出蔚蓝的颜色；当旭日东升、朝霞映辉之下，或者夕阳西下、光辉反照之际，大海看起来会是金灿灿的；而当阴云密布、风暴来袭时，海面又显得阴沉晦涩，一片暗暗的深蓝色。当然，这种受天气状况影响而造成的视觉印象只是一种表象，它并不能说明海洋水颜色的真实面貌。

水色是海洋中的水本身所呈现的颜色。水色是海洋水对太阳辐射能的选择、吸收和散射现象综合作用的结果，它不会受天气的变化而发生相应的变化。平时，我们所看到的阳光，是由红、橙、黄、绿、青、蓝和紫七种颜色的光合成的。由于颜色不同，其中的光线、波长也不相同。而海水对不同波长的光线，无论是吸收还是散射，都具有较强的吸收性和散射性。在吸收方面，进入海水中的红、黄、橙等长波光线，在30～40米的深度时，几乎全部被海水吸收，而波长较短的绿、蓝、青等光线，尤其是蓝色光线，则不容易被吸收，且大部分会反射到海面上；在散射方面，整个入射光的光谱中，蓝色光是被水分子散射得最多的一种颜色，当蓝色遇到水分子或其他微粒时就会四面散开，或反射回来。正是因为这个原因，从太空看，地球就成了美丽的蓝色"水球"。

◎海水颜色的变化

海水本身的光学特性决定了海洋水体的透明度及水色，海水的本身与太阳光有着密切的关系。一般情况下，太阳光线越强，海水透明度越大，水色就越高，光线透入海水中的深度也就越深。反之，太阳光线越弱，海水透明度就越小，水色就越低，透入海水中的光线也就越浅。所以，海水的颜色随着透明度而发生着变化。随着透明度的逐渐降低，海洋的颜色通常会由绿色、青绿色转变为青蓝、蓝、深蓝色。

此外，海洋水中悬浮物的性质和状况，也会影响海水的透明度和水色。大洋部分，水域辽阔，悬浮物较少，且颗粒细小，透明度较大，水色一般会呈现出蓝色。接近陆地的浅海海域，由于大陆泥沙混浊，悬浮物较多，且颗粒较大，透明度较低，水色在大多时候呈绿色、黄色和黄绿色，颜色分布不定。

◎海洋漫谈

在深不见底的海洋里，潜伏着比珠穆朗玛峰的高度还要深得多的海沟，海洋中流淌着连亚马逊河都自叹不如的河流。海洋是神秘而又多姿多彩。

◎海洋的长度

经过科学的研究和测量，人们得知地球是一个扁圆状球体。其中的赤道半径稍长，平均为6 378千米，极地半径稍短，平均为6 357千米。地球的平均半径为6 371千米。在总面积达5.1亿平方千米的地球上，海洋拥有3.61亿平方千米的面积，平均水深为3.8千米。然而，陆地的平均高度则只有0.84千米，这样的高度是无法与海洋相比的。假如地球是一个平滑的球体，将海洋水平铺在地球表面，世界上将会出现一个深达2 440米的环球大洋！

◎分布范围

在地球的南北两半球，海陆的分布并不平衡。北半球海洋占61%，陆地占39%；南半球海洋占81%，陆地仅占19%。这一分布特点对地球热量的分配起着重要的作用，影响着全世界的气候变化。海洋与地球上的气候是有直接的联系的，它调节着大气的温度和湿度。海洋中的藻类每年约产生 360 亿吨氧气，占大气含氧量的 3/4，同时吸收占大气约 2/3 的二氧化碳，从而保持了大气中气体成分的平衡，使地球上的生命一代代进化和繁衍生息。

◎ "海"与"洋"的区别

我们大多数人都习惯将地球上的连续水域称为海洋。实际上，海洋是"海"和"洋"的总称，"海"和"洋"是两个不同的概念。通常将深度在 2 000～3 000 米以上，离大陆比较远且面积辽阔，有独立的潮汐和海流系统，温度、盐度、密度、水色、透明度等水文条件较为稳定，不受大陆影响的，称之为"洋"；而离大陆较近，深度较浅，一般在 2 000～3 000 米以下，水文条件受大陆气候的影响，会产生明显的季节变化的，人们称之为"海"。如果海和洋之间做一个比较的话，海要小得多，仅占海洋总面积的 11%。

深厚而宽广的海洋之水，使人类难以真正认识深海底部，以至于在人类已经踏上月球的今天，仍然无法在海洋底留下足迹。但是人类对深海的兴趣，远未减退，因为它有着许多未知的秘密。

▶知识窗

　　地球有 71% 的表面是海洋，辽阔的海洋与人类活动息息相关。海洋是水循环的起始点，又是归宿点，它对于调节气候有着巨大的作用；海洋为人类提供了丰富的生物、矿产资源和廉价的运输，是人类的一个巨大的能源宝库。随着科技的进步，人类对海洋的了解正日益深入，但神秘的海洋总以其博大幽深吸引着人们对它的思索。

拓展思考

1. 对海洋做一个基本的概述。
2. 海洋是怎样形成的？
3. 海洋上的哺乳动物有哪些？

海

第六章

洋深处的谜底

HAIYANGSHENCHUDEMIDI

美人鱼之谜

Mei Ren Yu Zhi Mi

◎美人鱼标本

在 18 世纪中叶，英国伦敦曾经首次举办过轰动英伦三岛的美人鱼标本展览。随着时间的推移，美国纽约举办了同样的展览，那次展览同样引起了全美的轰动。其中有一个最著名的标本叫"菲吉美人鱼"。事后，经过科学家的研究得出结论，这个所谓的美人鱼标本是猴子和鱼的结合。

于是，很多人对美人鱼是否存在表示怀疑。挪威生物学家埃利克·蓬托皮丹在《挪威自然史》中说："他们赋予美人鱼优美的嗓音，告诉人们她们是杰出的歌手。显然，稍有头脑的人绝不会对这一奇谈怪论感兴趣，甚至会怀疑这种生物存在的可能性。"埃利克的观点代表了大多数生物界

※ 漂亮的美人鱼

人士的看法。然而，埃利克的观点未必正确。

俄罗斯科学院的维葛雷德博士透露了一个惊人的秘密。1962年，一艘苏联的货船在古巴外海莫名其妙地沉没了。由于船上载有核导弹，苏联派出载有科学家和军事专家的探测舰，前去搜寻沉船，试图捞回核导弹。

探测舰来到沉船海域，利用水下摄影机巡回扫描海底。突然，有一个奇异的怪物闯入镜头：它像是一条鱼，又像是一个在水底潜泳的小孩，头部有鳃，周身裹着密密的鳞片。当它游向摄影机时，用乌黑淘气的小眼睛望着摄影机，显得十分好奇。探测船上，围在荧光屏前的科学家和军事专家们无不目瞪口呆。

◎捕捉"美人鱼"

为了捕捉这头怪物，他们把用来捕捉海底生物的一座实验水槽沉放在摄影机视场内的海床上。没过多久，怪物再次出现，当它钻进水槽准备攫取鱼食时，舰上的工作人员便迅速地把水槽吊上舰。水槽的门被打开时，先是听到一阵像海豹似的悲鸣声，接着又看到一只绿色小手从槽内伸出。等到把怪物全部拉出水槽时，人们才更清楚地看到，这是一头0.6米长的人鱼宝宝，全身覆盖着鳞片，头部有一道骨冠，双眼惶恐地瞪视着周围的人。在场的人有的说这是"海底人"，但更多的人认为这就是人们一直在寻找的美人鱼。

◎美人鱼的记载的历史

从古至今，美人鱼一直是热门话题。早在2 300多年前，巴比伦的史学家巴罗索斯在《古代历史》一书中就有关于美人鱼的记载。

17世纪时，英国伦敦出版过一本《赫特生航海日记》，其中写到：美人鱼露出海面上的背像一个女人的胸。它的身体与一般人差不多大，皮肤很白，背上披着长长的黑发。在它潜下水的时候，人们还看到了它和海豚相似的尾巴，在尾巴上有像鲭鱼一样的许多斑点。

▶ 知识链接 ·····

·美人鱼的体型·

挪威华西尼亚大学的人类学家莱尔·华格纳博士认为，美人鱼确实存在，"无论是历史记载还是现代目击者所说，美人鱼都有共同特征，即头和上身像人一样，而下半身则有一条像海豚那样的尾巴。"

此外，据新几内亚人士所述，美人鱼和人类最相似之处就是它们也有很多头发，肌肤十分嫩滑，雌性的乳房和人类女性一样，并抱着小人鱼喂乳。

1975年，有关科研单位在渔民的帮助下捕到了罕见的"儒艮"。由于它仍旧用肺呼吸，所以每隔十几分钟就要浮出水面换气。它背上长有稀少的长毛，这大概是目击者错觉为头发的原因。儒艮胎生幼子，并以乳汁哺育，哺乳时用前肢拥抱幼子，母体的头和胸部露出水面，避免幼仔吸吮时呛水，这大概就是人们看到的美人鱼抱仔的镜头。但到目前为止，还有不少科学家认为美人鱼只是人们的幻觉而已。

拓展思考

1. 美人鱼标本是什么的结合？
2. 简单说一下美人鱼的体型。
3. 最早关于美人鱼的记载是什么时候？

青少年应该知道的海洋百科知识

海洋大漩涡之谜

Hai Yang Da Xuan Wo Zhi Mi

漩涡可能是由于不同的水流在海洋中相遇产生的，漩涡能把海底中的大量营养物质带到海面，在世界海洋上的每个角落都可以看到海洋漩涡的现象。海洋漩涡产生的原因很复杂，它随海水密度、风带分布和海底地形的起伏等的变化而变化。

短篇小说《卷入大漩涡》描述了挪威海岸一个悬崖边的强大的漩涡。

埃德加·爱伦·坡在短篇小说《卷入大漩涡》中写的挪威海岸一个悬崖边的强大的漩涡。书中是这样描述的：漩涡的边缘是一个巨大的发出微光的飞沫带，但是并没有一个飞沫滑入令人恐

※ 海面

怖的巨大漏斗的口中，这个巨大漏斗的内部，在目力所及的范围内，是一个光滑的、闪光的黑玉色水墙，这个巨大的水墙以大约 45 度角向地平线倾斜。海洋漩涡旋转的速度很快，快到让人感到头晕目眩，而且还在不停地摇摆。漩涡发出的声响使人感到惊骇，像是咆哮，又像是在尖叫，各种声响互相交杂。

海洋漩涡频繁地在世界各地都有可能出现，它也是自然界当中的一个正常现象。漩涡产生的直接原因是不同水流在同一海域中的相遇，在海洋漩涡与空气漩涡以及太阳与风的共同作用下产生，对天气的异常变化起着非常重要的作用。这些巨大的影响，甚至能将一个天气系统转变为另一个天气系统。

澳大利亚的海洋学家们发现的海洋漩涡同爱伦·坡在小说中所描写的相类似，多次发现类似于爱伦·坡在小说中所描写的那样的巨大冷水漩涡，只是澳大利亚的海洋学家们发现的没有爱伦·坡在小说中描写的那样陡峭或移动得那么快。漩涡的直径达 200 千米，深 1 千米。它正在剧烈旋

转，产生的巨大能量将海平面几乎削低了1米，从而，改变了这个地区主要的洋流结构。它携带的水量超过了这个海洋漩涡携带的水量并超过了世界第一大河——亚马逊河的水量！这种海洋漩涡的能量非常的大，能将很大的洋流推向更远的海域，但对船运的影响并不是很大。

在漩涡的背后是一种复杂的洋流紊乱现象在海洋漩涡的背后隐藏着一种很复杂的洋流紊乱现象，但简单的暴风不可能产生这样的影响。科学家们迫切要探讨的就是接下来会发生什么，漩涡至今为止仍然是一个巨大的科学难解之谜。伟大的量子物理学家沃纳海森堡说："临终前，当躺在床榻上，我会向上帝提出两个问题：为什么会出现相对性和为什么会出现洋流紊乱？我认为上帝或许会为第一个问题给出答案。"

涨潮和退潮是控制海洋漩涡的主要原因。除此之外，一些数学规则对海洋漩涡的形成也有一定的影响。科学家对这些海洋漩涡只能进行初步的预测，它们是剧烈混乱产生的现象，但也展示出具有某种结构、节奏以及其他与秩序有关的特征。海洋漩涡的发生从不会重复自己，所以，对它们的行为进行统计无法完全解决问题。当年，美国人想通过把英吉利海峡四十年的天气数据平均一下，想通过海洋漩涡来预测诺曼底登陆那天的天气情况，结果犯了大错。最终，是英国和挪威的科学家用取样方法成功预测了当天的天气，拯救了他们。

虽然海洋漩涡不是自然界里的一种反常奇异的现象，但发生在澳大利亚那么巨大的海洋漩涡在不可预见的天气事件中尤其是在"厄尔尼诺"反常气候现象中。海洋漩涡，在秘鲁的大雨到堪萨斯的干旱中都扮演着非常重要的角色。

各种来源的水流都有着不同流速和温度，它们的交汇导致海洋漩涡形成的来势是势不可挡。当不同的水流撞击在一起会形成巨大的水压，就会产生不可预见的后果。这种不可预知性与二氧化碳和甲烷气体的排放导致的不稳定性有关，这种不稳定性反过来导致了更加无法预测的水流的混合。科学家根据收集到的其中所有的变量进行计算，这真是令科学家大费脑筋。科学家们努力搜集和计算，就是为了弄清一件事情：如何理解海洋漩涡中一致和非一致运动之间的关系？然而，正是这层关系在海洋漩涡预测中起着关键性的作用。

海洋漩涡是不断变化着的，特别是发生在悉尼海洋的大漩涡是最让人难以理解的。海洋漩涡的表面，当你沿着一个视线从一个视角或在一个特定的时间段观察时，它似乎很平静，但当从另一个地方或其他时间观察时它又会变得非常狂暴。如果在它上面航行时，水面看起来似乎很平静，但顿时就会使巨轮发生晃动。悉尼海洋大漩涡可能很快会丧失它的能量，巨大的海洋漩涡通常会持续大约一周时间，甚至有些能持续长达一个月。这种漩涡是不会停息的，而是依靠吸入很多小型的漩涡从而把能量扩散转移。

▶知 识 窗

　　根据科学家大量的研究，海洋漩涡中的能量运动是在不断地进行上下运动，好比一个不断旋转的楼梯。漩涡的分子是水和空气，水和空气的漩涡中存在分子的混乱运动，这样的运动一直延伸到大气的边缘。在星际空间的流动中也存在这种神秘的混沌运动。科学家已经在恒星的尾迹中发现了漩涡的存在。卫星技术的发展使人们对漩涡的观察更加全面，科学家们所要做的就是对海洋漩涡的秘密做深一步的研究，将获得的不同数据信息进行综合研究分析，从而推动人类事业的发展。

┃拓展思考┃

1. 海洋漩涡产生的原因是什么？
2. 海洋漩涡是受什么控制的？
3. 关于海洋漩涡的科学依据是什么？

海洋巨蟒之谜

Hai Yang Ju Mang Zhi Mi

公元 9 世纪，英格兰有一位智慧而博学的大帝，曾多次阻遏丹麦大军入侵英伦，他就是英格兰国王阿尔弗雷德大帝。关于传说中的海洋巨蟒，阿尔弗雷德曾在他的羊皮纸簿中这样写道："在深不可测的海底，北海巨妖正在沉睡，它已经沉睡了数个世纪，并将继续安枕在巨大的海虫身上。直到有一天，海虫的火焰将海底温暖，人和天使都将目睹，它带着怒吼从海底升起，海面上的一切都将毁于一旦。"

关于阿尔费雷德大帝在羊皮纸中所提到的北海巨妖，也就是北欧传说中至少有 30 米长的巨大海怪，或称海洋巨蟒。传说海洋巨蟒平时伏于海底，偶尔会浮上水面，有的水手会将海洋巨蟒的庞大躯体误认为是一座小岛。这种海怪威力巨大，据说海洋巨蟒可以将一艘三桅战船拉入海底。因而，说起这种海怪，人们听到之后总是毛骨悚然、谈之变色。那么，海洋巨蟒是否真的存在呢？这个看似言之有据的传说究竟是真还是假呢？

故事发生在 1817 年 8 月，地点是在美国马萨诸塞州格洛斯特港海面上。一个叫索罗门·阿连的船长声称自己曾亲眼看见过传说中的海洋深处的巨蟒怪兽。他这样详细地描述了一下当时的场景，"当时，像海洋巨蟒似的家伙在离港口约 130 米左右的地方游动。这个怪兽长约 40 米，身体粗得像半个啤酒桶，整个身子呈暗褐色，头部像响尾蛇，大小如同马头。它在海面上一会儿直游，一会儿绕圈游。它消失时，会笔直地钻入海底，过一会儿又从 180 米左右的海面上重新出现。"听过他的这一段描述后，我们根本不能断定他所说的到底是真是假。但是，与他同行的同一条船上的其他人也声称自己见到过巨蟒，那么宣称也看到巨蟒的这个人又是谁呢？而他当时又看到了什么呢？

时间渐渐的过去了，也曾看到巨蟒的人出现了。还见到过海洋巨蟒的人就是和索罗门·阿连船长在同一条船上航行的木匠马修和他的弟弟达尼埃尔及另一个伙伴，他们说，他们遇到巨蟒时正乘坐一条小艇在海面上垂钓。马修之后回忆说："我在怪兽距离小艇约 20 米时开了枪。我的枪很好，射击技术也不错，我瞄准了怪兽的头开枪，肯定是命中了。谁知，怪兽就在我开枪的同时，朝我们游来，没等靠近，就潜下水去，从小艇下钻过，在 30 多米远的地方重又浮出水面。奇怪的是，这只怪兽往下潜时并不像鱼类那样有幅度的往下游，而是做垂直方向的下沉。我是城里最好的枪手，我清楚地知道自己射中了目标，可是海洋巨蟒似乎根本就没受伤。当时，我们吓坏了，赶紧划小艇返回到船上。"假如说，和索罗门·阿连同行的人说的都是假的话，为什么还是有人声称见过这样令人惊叹的场景呢？

把时间精确的更准确一点，到 1851 年 1 月 13 日的清晨，美国捕鲸船"莫依加海拉号"在南太平洋马克萨斯群岛附近航行，行进到海洋中间的时候，船上的一名海员在桅杆上瞭望时惊呼起来："那是什么？从来没见过这种怪物！"船长希巴里闻讯过来，奔上甲板，举起单筒望远镜眺望远方："唔，那是海洋怪兽，快抓住它！"随即，船长命令从船上放下三条小艇，船长带着多名动作迅速的船员手执锋利的长矛和鱼叉，划着小艇向怪兽的方向驶去。那只怪兽是个身长 30 多米的庞然大物，单单看到颈部的粗细就有好几米，远远看上去，它身体最粗的部分竟达 10 米左右。这只怪兽头部呈扁平状，有清晰的皱褶，背部的颜色为黑色，腹部则为暗褐色，身体的中间有一条不宽的白色花纹。这只怪兽在海中游弋起来来去自如，像一条大船在海平面上，让大家都目瞪口呆。

当微小的小艇渐渐向那只巨大的怪兽靠近，船长一声令下，十几只鱼叉和长矛立即同时向怪兽刺去，顷刻间，血水四溅，突然受伤的怪兽在大海深处挣扎着、翻滚着，激起了阵阵巨浪。船员们冒着生命危险，与怪兽殊死搏斗，最后怪兽因寡不敌众，力竭身亡。船长将怪兽的头切下来，撒下盐榨油，竟榨出 10 桶像水一样清彻透明的油。然而，让人感到遗憾的是，"莫依加海拉号"不幸在返航途中遭遇了海难，因此向大家讲述这个奇遇的是幸存的那几个人。

1848 年 8 月 6 日，英国的战舰也同样经历了这样的海洋奇遇。通常每一个船队上面都有一个勘测的水手。当时，英国派遣的战舰"迪达尔斯号"从印度返回英国时途经了非洲南端的好望角，当从好望角向西驶去约 500 千米的时候，瞭望台上的实习水兵萨特里斯突然大叫了起来："一只海洋怪兽正朝我们靠拢！"船长和水兵们急忙都奔到甲板上，只看见在距战舰约 200 米的地方，有一只怪兽昂起头正朝着西南方向游去，这只怪兽仅露出水面的身体便长约 20 米。当时的船长拿着望远镜仔细的观察了那只怪兽，并把当时发生的一切都详细的记载在当天的航海日志上，并亲手绘制了一张海洋怪兽的图像。

这种关于海洋怪兽的目击事件不仅在太平洋、大西洋和印度洋频繁的发生，在濒临北极或者南极的海域也时有发生。1875 年，一艘英国货船在距南极不远的海面上发现了海洋巨蟒，当时，海洋巨蟒正与一条巨鲸在搏斗。1877年，一艘豪华游轮在格拉斯哥外海发现巨蟒，在距游轮200多米的前方水域，巨蟒在回旋游弋。1910年，在临近南极海域，一头巨蟒向一艘英国拖网渔轮发出攻击。1936年，在哥斯达黎加海域航行的定期班轮上，8名旅客和2名水手曾目击海洋巨蟒。1948年，在南太平洋航行的4名游客，看见的海洋怪兽不仅身长30多米，而且背上有好几个小海洋怪兽，还有在其他传说中的巨蟒身上没有见过的瘤状物。种种说法，揣测不定。

▶ 知 识 窗

　　海洋巨蟒被人类传说的沸沸扬扬。有传言说在20世纪初，有人还专门建造了过一只特别的探险船，目的就是为了捕获传说中的海洋巨蟒。探险船上还装备了能吊起数吨重物的巨大吊钩，以及长达数千米的钢缆，同时船上还特别准备了12头活猪作为诱饵，以诱惑海洋怪兽。可惜该船远赴大洋几经搜索，终因未遇海洋巨蟒而悻悻而归。迄今为止，人们对于这种海洋怪兽巨蟒的底细还是一无所知，神秘海洋巨蟒的身份仍是一个未解之谜。

| 拓展思考 |

1. 用自己的话描述一下海洋巨蟒是怎么回事。
2. 海洋怪兽常发生在什么地方？
3. 举例说明海洋巨蟒发生的事件。

青少年应该知道的海洋百科知识

古扬子海消失之谜

Gu Yang Zi Hai Xiao Shi Zhi Mi

关于古扬子海的消失，原因是大约在 2 亿年前，发生了一次规模较大的地壳运动，古扬子海就是在这次运动中消失的消失。古扬子海的消失是神秘的，正是这种神秘感引起了科学家们的研究兴趣。

现在的扬子地区主要分布在长江流经的大陆，西起四川、云南省的东部，东到江、浙沿海的长江中下游地区。这

※ 古扬子海

一地段山河秀丽、物产丰富、文化历史悠久，被誉为我国人杰地灵的半壁江山。目前，扬子地区西部是山峦竣拔的云贵高原和富足的四川盆地，东部是连绵起伏的丘陵山地和平畴千里的沿海长江三角洲平原。地质工作者证实：这一地区是经过漫长的地质发展和剧烈的地壳运动以后才显露出来的。古扬子海的历史是悠久的。6 亿年前的扬子地区，是一片汪洋，也就是古扬子海，大海总共历时 3 亿 6 千万年，然而，在距今 2 亿 4 千万年前，扬子海神秘消失了。

功夫不负有心人。科学家终于对古扬子海的研究取得了一些成果：根据古扬子海中保留的沉积岩和岩石中的动植物化石分析了解到，当时古扬子海大部分时间都处于温暖的气候环境之中，相当于现代的热带——亚热带地区的情况。温暖湿润的气候，使得海洋生物大量繁殖，它们死亡后的骨筋堆积在海底，形成巨厚的碳酸钙沉积。经过长期的变化，这些沉积就成为目前陆地上数千米厚的石灰岩。在海洋和陆地交接的地方，还可形成煤等矿藏。炎热干燥的气候，使海水大量蒸发，便在海底形成了石膏和白云岩沉积。古扬子海的西部，地壳活动的痕迹很明显，局部地区的海底抬升，便形成了陆地，或形成一些岛屿；堆积而成的众多的岛屿连成一串，故称为岛弧。距今 2 亿多年时，峨眉山的一部分就是这样构成的。岩浆从

地壳深处喷发上来后，形成非常厚的玄武岩层，就构成了峨眉山的一部分。

地层中遗留下来的生物化石可以表明，古扬子海并不是一片孤立的汪洋。古扬子海的东部穿过东海与广阔的太平洋相通，西部与一系列海盆相连，直达印度洋和大西洋。古扬子海集成了大西洋和太平洋的生物群化石。古扬子海的底部沉积了很多的资源，其中包括丰富的磷、铁、锰、钒、铀等金属矿产和石油、天然气、石蕾、岩盐等非金属矿产，另外，石灰岩也是海底很常见的沉积物。

▶ 知 识 窗 ···

古扬子海的神秘消失，引起了科学界的争论。说法不一，一些学者认为这是地壳上升，海水渐渐从东西两侧退出去的结果。在海底上升的同时，花岗岩等岩浆侵入上来，带来了铁、铜、铅、锌、锑、金和汞等金属矿产。板块学说的拥护者们则有不同的看法，古扬子海介于华北板块与华南板块之间，由于南北两板块不断靠拢，把海水挤了出去，因而造成古扬子海的消失。对于这两种说法，究竟哪一种更能客观地反映出古扬子海消失的原因呢？是不是有更加合理的科学解释呢？总之，古扬子海消失之谜有待科学工作者们进行更深入的研究。

| 拓展思考 |

1. 古扬子海是什么时候消失的？
2. 关于古扬子海的消失，科学家得出的结论是什么？
3. 为什么说古扬子海不是一个孤独的汪洋？

青少年应该知道的海洋百科知识

独角兽之谜

Du Jiao Shou Zhi Mi

◎独角兽的史书记载

清代南怀仁所著《坤舆图说》一书中有："独角兽，形大如马，极轻快，毛色黄。头有角，长四五尺，其色明，作饮器能解毒。角锐能触大狮，狮与之斗，避身树后，若误触树木，狮反啮之。"国外早期的动物志中也有独角兽动物。这些动物的图形都画得像马，但实际动物谁也没有看见过。后来人们逐渐了解到，这独角兽实际上是指北极海域的一角鲸。

◎体型特征

一角鲸是生活在北冰洋较深水域的一种小型齿鲸类，雄性有 5 米长，900～1600 千克重，雌鲸略小。雄鲸的上颌有 2 枚齿，惟左侧一枚按逆时针方向成螺旋状朝前生长，长者可以达 3 米，西欧在 17 世纪前一直把它的牙误以是它的角，故名一角鲸或独角鲸。在兽类中以大象的象牙最大、最珍贵，但远不如一角鲸的齿长而奇特。这牙像摩圆柱一样呈螺旋状，又像轻剑一样尖锐而锋利，简直是一支被磨快的长矛。

由于这种牙齿在动物中是独一无二的，过去的人们都把它当成魔杖，西欧用它来制药，说它是能治百病的灵丹妙药，使它蒙上几多神秘色彩，价格非常昂贵。据说，当年罗马帝国查理五世，用一对一角鲸牙交给两位大日尔曼封疆诸侯，以偿还所欠的债务。1559 年威尼斯人出价 3 万威尼斯金币想买其中 1 枚，但未成交。诸侯们把这牙作为灵丹妙药保存起来，如果氏族中有人命在垂危，家族的代表都集合起来，监督着从长牙上锯下一点给病人吃。

◎历史记载

1611 年，英船把 1 枚牙带到君士坦丁堡，有人愿出两万英镑购买它，货主未卖。法兰西王后凯瑟琳在 16 世纪中期与法兰西皇太子结婚时，她的叔叔克蒙特七世教皇，送给她的一份厚礼，就是 1 枚用一角鲸的牙制成的头饰。西欧稍大一些的领主，餐桌上都要放一根一角鲸的牙，认为它是一个能排毒的魔棒，只要在含有毒药的食物或饮酒中，放入这种角，毒物便很快变黑、起泡，毒性随之消失，当时富贵阶层都耗巨资来买这神奇的角。在历代国王的餐桌旁，有专门侍从擎着它。还有的将它装饰在国王的宝座上，或做成珍贵的手杖，或用做帝王所乘车上的华盖支杆，成为权势的象征。

▶ 知 识 窗

　　关于一角鲸还有许多有趣的故事，在中世纪的欧洲，有钱人对一角鲸的牙着了迷，他们把一角鲸的牙当成了传说中独角兽的角，认为它是灵丹妙药，可以医治百病，用来做成酒杯，可以检验食物或酒中是否有毒。或者用它来做成饰物以显示华贵和富有。

　　但是，北极地区的爱斯基摩人才不这样迷信，他们把它叫做尸体鲸。因为它常常腹部朝上，躺着一动不动，就像一具鲸的尸体。它只不过是爱斯基摩人的一种不怎么好的猎物罢了。当地人看中的是它的皮和皮下的鲸油，一角鲸的皮很好吃，含有大量的维生素 C，北极寒冷，缺少水果和蔬菜，鲸皮是个很好的替代品。鲸油可以用来照明和取暖，由于它的肉并不怎么好吃，除非万不得已，当地人是不会吃它，只好用来喂雪橇狗了。过去，一角鲸的牙不过是一种做鱼叉和矛头的好材料，可是，当欧洲人把它当成宝后，一角鲸的牙就成了它丧命的主要原因。现在，一角鲸的数量正在急剧下降，人们不得不把它列入保护之列了。

拓展思考

1. 独角兽的生活习性是什么？
2. 独角兽有什么特殊用途？
3. 谈谈你所知道的关于独角兽的故事。

青少年应该知道的海洋百科知识

百慕大魔鬼之谜

Bai Mu Da Mo Gui Zhi Mi

谈到"百慕大魔鬼三角",给人的感觉就是一个很神秘的地带。在这一神秘的地带，常常会有船只和飞机莫名其妙地失踪。经过多种文章和书籍的渲染，这种说法越传越神，可以说是家喻户晓。还有某些权威的百科书上也是那么说，比如《辞海》一书中讲到：在"百慕大"这个条目里就说百慕大群岛周围海域常有船舶、飞机失踪，被称为"神秘的百慕大三角区"。百慕大魔鬼三角究竟是个什么样的地方？它是否存在？

※ 百慕大三角

百慕大三角是一块位于马尾藻海的广阔的海域，它看上去像一个巨大的等边三角形，每条边长大约为2 000千米。这个巨大的等边三角形顶点就是在百慕大群岛，底边的两端分别在佛罗里达海峡和波多黎各岛附近。在百慕大三角这个三角海区中，经常会出现船只沉没，船员失踪的现象。有的时候，经此上空飞行的飞机也会突然失事，但却找不到任何残片痕迹。所以，人们把这个海区称为"魔鬼三角"。这片神秘的海域给人诸多的遐想，既让人望而生畏，却又带着一些神秘的色彩，让人对它充满了好奇。

早在19世纪，百慕大三角就出现了很多船只在这里消失的例子。1874年，一艘从美国纽约港开出的"玛丽·塞勒斯特"号海轮，经过这个海区时，海轮突然失事。但是，事情过了一个多月之后，人们又发现这艘船漂浮在海洋表表上，船上却空无一人。那个时候，人们对百慕大群岛还不是特别的了解，对于那次的事件，人们当作是一般的事故而已，人们没有多大的想象。

但是在1945年12月5日，这一天的天气格外的晴朗，美国海军航空兵第19中队的5架鱼雷轰炸机，从佛罗里达一个基地起飞去执行巡逻任务。这一天本来是一切正常，不久，飞机突然迷失了方向，出现了反常的现象，飞行员看不清陆地和海洋。由于飞机上的电波受到干扰，联络信号变弱，只能听到微弱的呼喊声。美国基地立即派出巡逻机载着救护人员前往呼救的海域进行救援，但是，令人吃惊的是其中的一架飞机和失踪的5架飞机一样，消失得无影无踪。后来，美国海军不惜动用一切力量，毅然又出动了21艘船只和300架飞机前去寻找。令人遗憾的是，虽然他们找遍了出事地点及其周围广泛的海域，但并没有找到任何飞机的残骸和工作人员的尸体。美国总部对此表示非常的遗憾。

后来，越来越多的飞机或者是船只从这里经过时都遭受到失踪的厄运的洗礼。例如，1948年，从圣胡安起飞的一架班机，飞越百慕大三角"魔鬼三角"海区上空时，离奇地消失不见了；1956年，一架美国飞机航行在大西洋的上空，在离百慕大三角不远处消失；1963年8月23日，两架美国喷气式空中加油机在这里失事；1973年，一艘载有32人的摩托船驶入这个三角海域，突然消失得无影无踪；1970年，美国一架大型客机在飞越百慕大三角"魔鬼三角"上空时，突然从跟踪导航的地面雷达荧光屏上消失了10分钟，等飞机着陆后，飞机上所有的钟表都同时慢了10分钟；1978年3月，美国一架轰炸机在这个海区正飞向一艘航空母舰，突然，从机上发出短促而紧急的呼救声："注意，我们发生问题了！"信号突然中断，但是后来搜救人员在出事地点进行搜索，仍然没有找到任何飞机残骸和人员的尸体。

根据不完全统计，在百慕大三角"魔鬼三角"失事的船只达100艘以上，飞机30架以上，失踪人数1 000人以上，而且大多数都没有留下任何痕迹。但是究竟是什么原因造成了在百慕大群岛发生这种奇怪的现象呢？为了揭开百慕大三角"魔鬼三角"的神秘面纱，科学家们不畏艰险，纷纷冒险前往这片海域进行考察。

在科学的世界里，有一种说法就是：百慕大三角这个海区的海底地貌异常的复杂，这里有巨大深陷的北美海盆，有面积广阔的百慕大海台，有巴哈马群岛及其周围遍布的珊瑚岛礁，也有波多黎各深邃的海沟，而且海底火山，地震频繁，是引起事故发生的主要原因。

还有一种说法是：百慕大三角这里是灾害性的飓风发源地，变幻莫测的气流、猖狂的龙卷风和肆虐的暴风雨，波涛汹涌的流海，墨西哥湾流与中层逆流，强力旋转和涡旋等复杂的海流，这些原因很可能也是导致各种事故发生的原因。也有的人认为：海面上的海浪和风暴产生的次声波产生的巨大的破坏力，引起了事故的发生。关于百慕大三角"魔鬼三角"事故形成的原因很多，但还是莫衷一是。

近几年之内来，有的科学工作者声称百慕大三角"魔鬼三角"的神秘面纱已经被揭开。他们认为：百慕大三角"魔鬼三角"之谜与外界太空中的所谓黑洞有直接的关系。黑洞是指一些死亡的星星星，这些星星具有极大的吸引力，把从此地经过的船只和飞机"吸"了进去。当然，也有许多人认为根本就没有神秘三角的存在，因为从这里经过的船只和飞机也有安然无恙返回的，发生事故也是偶然的。

▶ 知 识 窗

近几十年以来，百慕大三角地区已经被开发成了旅游胜地，每年都会有大量的游客来此地度假和观光。当然，这一带还是会有航海事故发生，但是也不是像一些媒体所解释的恐怖现象，而是认为这些事故是自然或者意外情况导致的。关于百慕大三角"魔鬼三角"的传说至今还没有一个科学合理的解释，这还是需要后人努力地去揭开百慕大三角那一层神秘的面纱。

拓展思考

1. 为什么称百慕大群岛海域周围为"百慕魔鬼三角"？

2. 历史上有哪些事例证明了"百慕魔鬼三角的传说"？

3. 在科学的世界里，有哪几种说法解释"百慕三角"地带的事故原因？

泰坦尼克号沉没之谜

Tai Tan Ni Ke Hao Chen Mo Zhi Mi

在1912年4月12日，发生了人类航海史上最为惨重的灾难。这一天与平常的日子一样，风和日丽，却发生了人类航海史上最悲惨的一次大灾难。英国豪华客轮泰坦尼克号在驶往北美洲的处女航行中不幸沉没，这次沉船事件造成了1 523人葬身大海，这是一场震惊世界的大航海灾难。虽然事情过去了很多年，但是泰坦尼克号沉船的真正原因至今还是一个谜，一直以来都是世人探索的焦点。

直到1985年，人们才在纽芬兰的附近海域发现了泰坦尼克号的沉没残骸。随着这一发现，随后大批探索者都利用各种先进探索技术潜入冰冷黑暗的深海中，对泰坦尼克号进行细致的考察探索，希望可以揭示出泰坦尼克号沉没的原因。然而令人想不到的是，经过长时间的海洋冲刷，泰坦尼克号的船身已被厚厚的泥沙深深地掩埋着。人们无法从外观上探查泰坦尼克号是否是因为冰山撞击造成的"创伤"，从而引起沉船事件的。

※ 泰坦尼克号

1996年8月，由几个国家的潜水专家、造船专家及海洋学家组成的国际考察队深入泰坦尼克号的沉船海域，对它进行更深一步的实地的科研探测。正所谓：不探则已，一探惊人。这次探测研究的结果完全推翻了著名电影《泰坦尼克号》中的沉船剧情。《泰坦尼克号》中讲述了一段凄美的爱情故事。在《泰坦尼克号》影片当中，泰坦尼克号这艘近275米长的豪华客轮，是因为在纽芬兰附近的海域受到迎面漂来的冰山冲撞船体后，船身裂开了一个约92米长的裂缝，大量的海水涌入船舱，从而致使其沉没。然而，根据科学家的探测结果表明，泰坦尼克号并不是被迎面漂来的大冰山撞开一个大裂口而沉没的。科研探索人员利用各种高端设备，声波探测仪找到了泰坦尼克号船体上的"伤口"，但是其"伤口"并不是一个 92 米长的大"伤口",而是 6 处小"伤口",这 6 个"伤口"总的损坏面积仅有 3.7~4 平方米。研究人员为了增强这种说法的可信度,还利用这些数据在计算机上模拟出了泰坦尼克号船难的发生过程。其实,在泰坦尼克号沉船的当时,泰坦尼克号船的设计师爱德华·威尔,就曾提出过很有可能是因为 6 个"伤口"这种情况造成的船体沉海事件的,但是由于当时的人们很难接受,一艘造诣如此精良的巨轮怎么会因为只撞了 6 个小洞就沉没的说法,从而忽视了这个重要的证言。

关于沉船的原因有很多种猜测,泰坦尼克号的沉船很有可能是和其船体的钢板有很大的关系。1992 年,俄罗斯的科学家约瑟夫麦克尼斯博士在文章中这样写道:"敲击声很脆的船体钢板,或许使人感到它可以在撞击下被分解成一块块,——实际上是从船的侧面被打开的口子。"美国科学家也通过实践证实了以上说法的准确性。在当时的那个年代科技并不是很发达,制造船身的钢板中掺杂了许多降低钢板硬度的硫磺夹杂物,这使得船体钢板变得非常脆。因此,专家们普遍认为,泰坦尼克号沉船的致命原因很有可能并不是因为冰山的撞击,而只是因为冰山撞击来得太突然了,加上轮船的速度稍快和船身钢板较脆才造成这一场悲剧。

虽然每一个研究结果听上去都是有理有据,但是人们对其真正的沉船原因仍在进行探索。2004 年,一个耸人听闻的言论跳到全世界公众的面前,吸引了所有关心和不关心泰坦尼克号事件的人们的注意力。事情是这样的,英国的罗宾·加迪诺和安德鲁·牛顿在接受英国电视台采访时,向大众披露了泰坦尼克号的沉船是一场阴谋的言论。他们

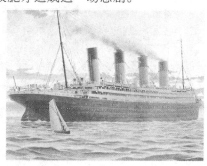

※ 泰坦尼克号船

宣称:泰坦尼克号的沉没事件中并不是因为天灾,而是人祸!在 1911 年 9 月 11 日,即是在泰坦尼克号处女航的 6 个月前,泰坦尼克号的姊妹船——奥林匹克号,在离开南安普顿出海试航行时,船舷被严重撞毁,奥林匹克号勉强回航并停靠到了贝尔法斯特港。不幸的是,保险公司以碰撞事件的责任方是奥林匹克号为由拒绝赔偿,而奥林匹克号的修理费用异常昂贵,这使得白星轮船公司陷入了严重的经济困境中。更为糟糕的是,如果 6 个月后泰坦尼克号不能按时起航,那么白星轮船公司将面临巨大的破产。于是白星轮船公司为了可以骗取巨额的保险金,就把已经损坏的奥林匹克号伪装成泰坦尼克号,并安排了那场长途的航海旅行。据说原本是安

排在大西洋的冰山出没区演出这场沉船事件的，并在航海的途中安排了一艘加利福尼亚号的大客轮船在那里接应，但是加利福尼亚号竟然搞错了泰坦尼克号的沉船位置和求救信号，没有及时赶到沉船的地点进行及时的抢救。加迪诺、牛顿和其他阴谋论者都认为主导这场海难的总幕后策划者就是白星轮船公司的主人——美国的超级富翁 JP. 摩根。

这种阴谋的言论虽然是言之凿凿，石破天惊，但是却遭到了很多人的不屑，这其中包括"英国泰坦尼克协会"的专家。记者在采访"英国泰坦尼克协会"发言人斯蒂夫·里格比时，他说道："我毫不怀疑，躺在北大西洋海底的船只正是泰坦尼克号。"

▶ 知 识 窗

·关于泰坦尼克号的真相·

为了证实这种阴谋言论的真实性，"船只保险诈骗阴谋"论者列出了在发生船难的当时发生的种种疑点，如下：

第一，泰坦尼克号曾经突然改变处女航的航海路线，可能就是为了与加利福尼亚号进行会合，然而后来路线改动了。

第二，在航海途中泰坦尼克号遭遇冰山的冲击后，有人曾看见大副默多克跑到高高的船桥上去，很可能是为了寻找加利福尼亚号的踪迹，并等待着救援。

第三，根据后来对泰坦尼克号内部物件的深入调查，报告上显示：在这样豪华的船只上船员船舱里竟然没有一个双筒望远镜，这意味着船员很难及时发现冰山的出现，这是一个很不负责任的表现。

第四，白星轮船公司的总裁 JP. 摩根本来也计划乘坐泰坦尼克号的，但是就在起航前两天，他以身体不适为由取消了这次旅行。令人意想不到是泰坦尼克号就在后两天里沉没了。

第五，在对奥林匹克号伪装成泰坦尼克号的过程中，出现了偷工减料的现象，从泰坦尼克号沉船上发现的救生艇像筛子一样漏水的现象就是强有力的证明。

第六，也是最令人匪夷所思的一点，从泰坦尼克号遗骸处打捞上来的 3 600 多件物品中，没有一样东西上面刻着泰坦尼克的标记，这又作何解释呢！

第七，根据航船记录显示，当时出现在大西洋上的加利福尼亚号除了工作人员和 3 000 件羊毛衫和毯子外，并没有搭载任何一名乘客。

对于泰坦尼克号沉没的原因，至今仍然是一个谜团。

▌ 拓展思考 ▌

1. 泰坦尼克号是什么时间沉没的？
2. 泰坦尼克号沉没的原因是什么？
3. 泰坦尼克号的沉没致使多少人死亡？
4. 船只保险诈骗的阴谋是怎么回事？

揭开死海有生物存在之谜

Jie Kai Si Hai You Sheng Wu Cun Zai Zhi Mi

死海，它的位置是在西南亚，它是举世闻名的大咸湖，它的湖面比地中海的海面还要低 392 米，称作是世界的最低洼处。

死海的湖面上温度高、蒸发强烈、含盐度高。据专家研究，这一片海域

※ 死海

中，水生植物和鱼类等生物都无法生存，所以被命名为死海。那么，死海真的就没有生物存在了吗？据美国和以色列科学家的深入研究，最终给出了最终的答案：在这全世界最咸的水中，还是有几种细菌和一些海藻在生存的。原因是死海里有一种名叫"盒状嗜盐细菌"的微生物，它们正好与死海中的盐具有相对性，有预防盐侵害的独特蛋白质。

一般蛋白质一定要放在溶液中，如果离开溶液就会沉淀，从而形成机能失调的沉淀物。所以，如果盐分的浓度过高，就会对大多蛋白质产生脱水效应。但是，"盒状嗜盐细菌"所具备的独特蛋白质，就算在高浓度盐分的情况下，也不可能脱水，因此能保持生存的力量。

这种嗜盐细菌蛋白，也称作铁氧化还原蛋白。美国生物学家梅纳切姆·肖哈姆，与以色列的几位学者在一起，运用 X 射线晶体学原理，找到了"盒状嗜盐细菌"的分子结构。"盒状嗜盐细菌"中观察这种特殊蛋白是呈咖啡杯形状的，它的"柄"上所含带负电的氨基酸结构单元，对一端带正电而另一端带负电的水分子具有特殊的吸引力。因此，可以从盐分极高的死海海水中把水分子夺走，并且使蛋白质一直停留在溶液里。按照这种合理的解释，死海中有生物生存这件事也就不足为奇了。

按照参与此项研究的科学家们的观点，揭开死海有生物生存的谜团，具有非常重要的意义。将来有一天，一种类似氨基酸的元素，移植给不耐盐的蛋白质之后，就能够使原本不耐盐的其他蛋白质，在没有淡水的特殊条件之下，于海水也可能继续存在，所以这个技术可

※ 美丽的死海美景

望有广阔的前景。死海的海水中不但含盐量高，而且富含矿物质，常在海水中浸泡，可以治疗关节炎等慢性疾病。因此，死海每年都吸引数十万游客来此休假疗养。如果非要说一下死海的好处和坏处的话，可以说每件事情都有它的相对性，有利必有弊！

▶ 知识窗

　　按照科学家们的观点，揭开死海有生物生存的谜团，具有十分重要的意义。在将来，一种类似氨基酸的程序，有一天移植给不耐盐的蛋白质之后，就能够使原本不耐盐的其他蛋白质，在没有淡水的特殊条件之下，于海水也可能继续存在，所以这个工艺可望有广阔的前景。死海的海水中不但含盐量高，而且富含矿物质，常在海水中浸泡，可以治疗关节炎等慢性疾病。因此，每年都吸引了数十万游客来此休假疗养。如果非要对死海说一下好处和坏处的话，可以说每件事情都有它的相对性，有利必有其弊！

▌ 拓展思考 ▐

1. 简单描述一下死海的位置。
2. 死海中为什么隐含着生物的生存秘密？

深海平顶山之谜

Shen Hai Ping Ding Shan Zhi Mi

对于海底，人们一般的形容是美丽的。关于神秘的海底世界，一直让人迷惑不解的要数平顶山了。平顶山的顶巅，就像是被刀削过的一样的平坦，故它的名字就是这么得来的。

"二战"时期，担任美海军的舰长是美国普林顿大学教授赫斯，他曾对太平洋的深度进行过一些周密的探测，发现了在夏威夷到马里亚纳

※ 美丽的海底世界

群岛一带4000～5000千米的深海海底耸立着许多平顶的山峰。以后的进一步测量证实，这些平坦的山峰，顶巅的直径约5海里，把周围的山角算在内的话，形成直径约9海里的高台，山腰最陡的地方倾斜约32度，再向下就形成了缓的坡度，并呈阶梯状，山顶约距海面2 000米。而这种特征正是所有的海底平顶山所具有的共同特征。

这些海底平顶山分布在太平洋海底，在海底除了看见太阳和星星以外，其他什么也看不到。在这里，由于平顶山的形状独特，于是便形成了极为突出的海底航标。航行在这一带的船只，只要有一副反映海底平顶山分布位置和水深情况的海图，再加上使用方位仪和声波探测仪，就可准确的测定出船的位置。也正是由于这个原因，深海平顶山为现代航海事业的发展做出了贡献。

在海洋的深处，但凡是存在海底平顶山的地方，通常都有良好的天然渔场。因为当深层水流冲击到深海平顶山的时候时，便产生了一种上升水流，深海里的营养物质随着上升的水流浮至浅层海面，海水中营养物质一多，就会麇集众多的浮游生物，从而吸引鱼群到这里来觅食，进而形成了良好的渔场。这不禁让人们感到疑惑的是：深海海洋深处的平顶山究竟是

怎样如何形成的呢？

让人感到吃惊的是，在太平洋西部靠近美国加利福尼亚一带的一座海底平顶山的山顶上采集到了白垩纪的圆形鹅卵石，而同样在这平顶山的山麓下，采集的却是火山岩的岩石。其后不久，美国斯科利普斯海洋研究所派遣的"彼得"号考察船前去考察，在北太平洋北部一座海底平顶山山麓同时发现了光滑浑圆的鹅卵石和全身布满小孔的火山浮石。这一发现，又让人们陷入了重重迷雾之中，对深海平顶山形成的成因越发感到奇妙了。

根据科学家的探测，这种鹅卵石只有在海岸附近岩石不断收到海浪冲击才有可能形成。从常识来判定，深海海底是没有条件形成这种鹅卵石的。那么，深海平顶山上的这些鹅卵石是从何而来的呢？人们便不免对此提出了种种假设。有的说，深海平顶山是由接近海面的环形珊瑚礁下沉形成的；有的说，深海平顶山是太古时期的环形礁下沉，又被海底沉积物填平其凹陷而形成的……可是，这些假设对平顶山山顶的鹅卵石和山麓的火山浮石，以及斜坡的阶梯状坡的形成，都不能给出合理和科学的解释，因此，无法令人信服。之后，又产生了海底平顶山是以往古火山形成的假设，然而，这个假说现在已经成了板块学说中重要的一部分。

▶ 知 识 窗

迄今为止，深海平顶山的成因一直是海洋地质学的重大研究课题。在太平洋深海海底耸立着绵延数千里的奇特水下山脉，巍峨挺拔着数以百计的顶巅平坦的奇妙山峰，仅这一奇特的现象就使人感到非常的神秘。但是，要想真正揭开海底平顶山之谜，还有待科学家们今后不畏艰险的研究和钻研探索！

| 拓展思考 |

1. 简单描述一下美丽的海底世界。
2. 鹅卵石是怎样形成的？

青少年应该知道的海洋百科知识

海底神秘的水下建筑之谜

Hai Di Shen Mi De Shui Xia Jian Zhu Zhi Mi

范伦坦博士是美国的动物学家，同时也是个深海潜水高手。1958 年，他来到了大西洋的巴哈马群岛进行观测研究。由于范伦坦是个深海潜水好手，在水下考察的时候，他在巴哈马群岛附近的海底意外地发现了一些奇特的建筑。这些水底

※ 巴哈马群岛

的建筑与现在的建筑大有不同，外形如同一些奇怪的几何图形——正多边形、三角形、长方形、菱形等，同时还有绵延几海里的笔直的线条。这一现象，又是怎样形成的呢？

时间渐渐过去，而范伦坦的探险并没有结束。

到了 1968 年，范伦坦又宣布了一项惊人的发现：在北彼密尼岛附近的海底深处，发现了巨大丁字形结构石墙，这座石墙长达 450 米，这道巨大的石墙是由每块超过 1 立方米的巨大石块砌成的。石墙还有两个分支，与主墙成直角。范伦坦博士看到这样的情景兴奋不已，他继续探测，并很快发现了更加复杂的建筑结构——平台、道路，还有几个码头和一道栈桥。他第一眼看上去，整个建筑遗址就像一座很古老的被淹没的港口，美丽极了。

法国著名的工程师海比考夫是"飞马"鱼雷的发明者，同时他又是一位潜水家和水下摄影高手。他也对这一片的海域进行了缜密的勘测，来到巴哈马群岛后，用当时最新的技术勘察了这一片海域，并随即拍下了几张照片。回去后他这些照片一经发表，立即引起了全球巨大的轰动。

直至 1974 年，苏联考察船也来到了这里，这次来的目的也是对水下"港口"进行核实，并对该海域进行了水下摄影和考察，苏联考察船的考察，再次证实了这些水下建筑遗址的确是存在的。

由于水下建筑遗址惊人的发现，很快，巴哈马群岛一带便吸引了许多

来自世界各地的科学家、潜水家、新闻记者和探险者。由于对水下石墙的说法越来越多，也越来越复杂，所以，围绕着这些水下石墙的争论也越来越多。虽然有些地质学家指出，这些石墙不过是较为特别的天然结构，并非人工筑成，但是更多的学者却认为这些建筑是人造的。在这一点上，他们的看法始终无法达到一致。有人认为，巴哈马与玛雅人的故乡尤卡坦半岛相距不远，因此这可能是史前玛雅人的古建筑，由于地壳变动而沉入水下，关于玛雅文明的古迹始终就是一个谜团。然而，有的人却从巴哈马海域陆地下沉的时间上推算，得出了这些建筑大约建成于公元前七、八千年间的结论。因此，他们认为这些水下建筑应该出自南美古城蒂瓦纳科的建造者之手，但是这个建造者是谁本身就是个很大的谜。

► 知 识 窗

美国预言家凯斯虽然已故，但他在生前却曾作过这样一个预言，他曾宣称亚特兰蒂斯将会于 1968 年或 1969 年在北彼密尼岛海域重现。而如今水下建筑的发现，正好印证了凯斯生前的预言。因此，很多人都认为海底的"港口"极有可能就是在公元之前沉没了的亚特兰蒂斯。

当然了，严肃的科学家们不会用这种没有科学证据的预言来判断，但他们却也无法作出较为圆满的解释。而只能笼统地解释到，这些水下建筑"大概是人造的"，年代已经"相当久远"，当然了，这只是片面的回答。然而，这些建筑到底是谁造的，什么时候造的，至今仍没有人能够给出一个准确的回答。事情过去了多年，真正的情况是什么，谁都说不清出个所以然来。

拓展思考

简单描述一下巴哈马群岛。

青少年应该知道的海洋百科知识

"海底激流" 之谜

"Hai Di Ji Liu" Zhi Mi

时间的改变推动着科技的进步。约在 20 世纪中叶，国际上有了一些知名的海洋科研机构。美国伍兹霍尔海洋研究所的海洋地质学家霍利斯特，在对大洋底岩心进行分析时，发现了海底有波状结构，海底的地形如被冲刷成的大片光秃秃的岩石和沟壑，整体的地面看上去凹凸不平。而这种现象表明，只有被快速运动着的水流冲击后才可能出现这种现象，其他则无法讲通。于是，基于这种现象，霍利斯特他提出了一个大胆的 "假说"：大洋海底存在着海底风暴。

※ 海底激流

这个 "假说"，于 1963 年在美国旧金山一次学术会上正式提出。由于当时的科技水平尚不发达，根本无法判断这一 "假说"。"海底风暴" 这一假说被一些人认为几近荒唐可笑。尽管霍利斯特对自己的这一观点坚信不疑，但是，这个 "假说" 最终在一片指责和嘲笑声中收场。但霍利斯特并没有丧失信心。

1976 年 1 月 16 日，一艘挪威运输船 "贝尔基·伊斯特拉" 号在毫无巨风骇浪的前提下在海上前行，但不知是什么原因竟然奇怪地在大洋中失踪了。1980 年，一艘从美国洛杉矶起航至我国青岛的货船，进入了被人称作日本魔鬼 "龙三角" 的海域时，突然发出了 "SOS" 救援信号，不过很快这艘 "多瑙河" 号货船便消失在这片神秘的海区。几天后，又有一艘希腊货轮在这神秘海域野岛崎以东约 1 千米处，连续发出了救援信号，之后便悄无声息地消失了，船上的人员无一生还。

这种种奇怪的现象，无人能给出一个合理的解释。如果说这是因为船只小、抗风险能力弱。那么，其长度超过两个半足球场的德国超级油轮"明兴"号，为什么同样也难逃厄运呢？1978年12月7日，该轮船在驶往美国的途中连人带船突然神秘失踪，最后只找到一只已经十分破烂的救生艇。尽管大自然之说是神奇的，但我们更应该相信的是科学。

这些发生在海面上的失踪事件尚能留下点呼救声，而那些在水下活动的军用潜艇失事后，竟连呼救的时间都没有。美国海军罹难史载：1963年4月核潜艇"鞭尾鱼"号在英格兰近海神秘失踪；另一艘核潜艇"蝎子"号则于1968年5月在大西洋亚速尔群岛附近失踪。以色列海军潜艇"达卡尔"号于1968年4月在地中海失踪。法国潜艇"智慧女神"号，也大约在此期间在西地中海神秘失踪。令人感到更为不解的是，这些在当时属于较为先进的潜艇在失踪时，竟都没有发求救信号。

1980年，在挪威沿海的一个荒芜的半岛上举行了一场高难度的悬崖跳水表演，当30名跳水运动员跳下悬崖，钻进海里后，却不见一人露出水面。人们大为惊慌，立即派出救生船和潜水员寻找。次日，又有2名经验丰富的潜水员佩带安全绳和通气管前往海下探索。当安全绳下到5米时，一股强大的力量将潜水员、安全绳和通气管以及船上的潜水救护装置全部往海底拖。后又派出一艘瑞典的微型探测潜艇来到这里。令人难以置信的是，这艘微型潜艇入海后也一去不返。在万般无奈的情况下，他们请求美国派来了一艘海底潜水调查船，并由地质学家毫克逊主持调查工作。毫克逊在电视监视器前不停地搜索着海底。突然，他发现离船不远处有一股强大的潜流，而更令人感到惊讶的是，在这股潜流中发现了30名运动员、2名潜水员的尸体，还有那艘消失在海底的微型潜艇……这一切都让人感到不可思议，难道真的是海底暗藏着什么玄机吗？

对于发生于上世纪的以上的种种奇特的海难事件，人们进行了各种猜想。地球本身就存在着磁性，"磁场之说"认为，海底是一个巨大的磁铁矿，是强大的磁场搅乱了船只的导航系统，船最终是被强大的磁场吸力拉入海底；"杀人浪之说"认为，这些失踪事件多发生在冬季，冬季这里的水温和气温之间相差20℃，因此海面上常产生上升的强气流，从而激发起海面上的巨大三角波浪所致；"黑洞之说"认为，天体中晚期恒星具备高磁场、超密度的聚吸现象，人类虽不能看见它，但它却能吞噬一切运行在海上的船只；"次声之说"认为，人们虽听不见次声，却它却有着极强的破坏力，船只极可能颠覆在次声软力中。此外还有许多猜想，如"外星人说""气泡说"等。

对于海难事件，人们虽然众说纷纭，但却没有一种猜想能让人信服。直到上世纪90年代，"海底风暴"这个"假说"在一些人中开始被逐渐接受，但仅此而已。其成因至今还是没有答案，关于"海底风暴"发生的机理也一直未见有详细的介绍和报道。

在中国，有位专家修日晨多年来一直从事这方面的研究，也一直在"纠缠"海底风暴之"假说"。不过他认为，"风暴"一词是气象学概念，用在这里不妥，应称作"海底激流"，并认为这一概念应从物理学角度上进行框定，也许更严谨、更准确。

修日晨原是一名海洋学研究员，自 20 世纪 70 年代起，一直就对"海底激流"这一现象"耿耿于怀"。他曾发誓一定要论证到底，现已 73 岁。直到 2003 年，凭借物理学理论基础和积累的潮汐经验，他已推断出潮流场幅合区使海水大量堆积，水位随之上升，使势能大量集中，压力之下最终使这些海水从流速几乎为零的海底某区域释放，形成"海底风暴"或者称为"海底激流"。但要证实"海底激流"的存在，必须用观测数据来证明。也正是一些发生于海洋中的细节现象，引起了他的关注，并驱使他坚持研究了十余年。

1958 年，我国曾对海洋进行了细密的普查，在此期间，一名科技人员曾在国内海区多次测到突发性高速运动的海水流动，但其持续时间并不长，很快就又恢复了正常流速，并没有影响正常的航行速度。因当时使用的海洋仪器较落后，"高速流动的海水"瞬间出现，大家对海洋仪器持有怀疑的态度，不敢相信它，更多的还是怀疑仪器可靠性，因而没被重视。到了今天，任何国家在进行海上作业的时候，用海洋仪器采集数据时，也发现有流速过快的现象，但当再次进行测量时又恢复了正常。这种现象多被人们视为"反常数据"，这是正常的反应，可以忽略不计。

据一家涉海单位反映，他们原定以 8.8 节航行时速前进，但船只在行进时，如同原地踏步。这样的现象一直持续了约 10～20 分钟，才恢复了前进速度。然而这种现象与前进速度相持的瞬间流现象，令很多船员都百思不得其解。

多年前，人们所议论的海上奇特现象就激发了修日晨强烈的责任感。所以，修日晨决心要从事这方面的研究。后来，修日晨在山东省科委的资助下，从 1995 年开始对我国沿海"海底激流"进行了专题的调查和研究。并于 1995 年，在渤海逞岛海域易产生海水堆积海区选点进行了"海底激流"观测。当时在该区域某点距海底 0.2 米处进行了 24 天的连续观测，共测到 23 次"激流"活动，其中有 3 次流速达到 2 米/秒以上，最大的为 3.18 米/秒，这个结果大大超出了人们的意料。可谓是，功夫不负有心人。

2001 年，修日晨和同事们在国家自然科学基金委的资助下，在江苏如东县海区苏北浅滩潮流幅合区又进行了"海底激流"专题调查，最终观测到了流速高达 4.95 米/秒的高速激流。终于揭开了激流存在的成因，"假说"也一步步地被证实并验证其过程。他的观点相继写成了学术论文，并在我国海洋权威刊物《海洋科学》上不止一次地发表。

一位学者曾经提出一个形象的比喻：假如一条承载着车辆运行的正常公路一旦被掏空，路面以下路基必然在压力之下突然塌陷，如同陷阱，人车一起掉进去。"海底激流"后果就是这样。潮流在特殊的条件下幅合，海水逐渐堆积，水位不断提高，势能增加，海洋底部无法承受上层海水的巨大压力，薄弱部位必然被"突开"，瞬间里大量海水流失，海水堆积区域则形成负压，产生吞噬万物的陷阱。当陷阱的面积足够大时，刚好经过此地的船只就会失去浮力，陷进海洋深处。虽然"海底激流"在我国近海并不少见，但由于水浅、激流发生面积可能不会大，则陷阱也不会大。但是在深海地区或者大洋区域，如果具备潮流符合的条件，可想而知，恰好路过的船只肯定在劫难逃。

在海底作业的潜艇是十分危险的。潜艇一旦遇到"海底激流"突然爆发形成的陷阱，就会迅速下降数十米，"十米"这是一个很可怕的数字。如果，激流持续时间是短暂的，激流消失后，潜艇会慢慢自动上浮。但如果操纵者对"海底激流"现象尚缺乏足够的认识，极易犯操作的大忌。很可能会错误地启动耗氧气极高的内燃机动力，以达到快速上浮的目的。这样就错了，这样就会导致潜艇内供人生存的氧气在一两分钟内被耗尽，使人们还未来得及发出求救信号就窒息而亡。所以，在海底工作要小心。

▶知 识 窗

消失在海难中的船只，究竟是什么原因消失的呢？是否真的和"海底激流"有直接的关系呢？尽管各种传说分析地头头是道，但终究不能自圆其说。一些学者认为尚不能到大洋的海难多发区域收集到足够数据来证明遇难船只是"海底激流"所为，但通过对"海底激流"成因和过程分析，在逻辑上还是很合理的。也许有一天，安息在大洋深处的遇难船只会证明它们是如何壮烈牺牲的。让我们一起等待结果出现的那一天吧！

|拓展思考|

简单描述一下海底激流。